Typenkompass

US-Panzer

nach 1945

Alexander Lüdeke

W0199897

Motor buch Verlag

Einbandgestaltung: Luis dos Santos

Bildnachweis: Die zur Illustration dieses Buches verwendeten Aufnahmen stammen – wenn nicht anderes vermerkt ist – vom Verfasser.

Eine Haftung des Autors oder des Verlages und seiner Beauftragten für Personen-, Sach- und Vermögensschäden ist ausgeschlossen.

ISBN: 978-3-613-04060-1

Copyright © by Motorbuch Verlag, Postfach 103743, 70032 Stuttgart
Ein Unternehmen der Paul Pietsch Verlage GmbH & Co. KG

1. Auflage 2018

Sie finden uns im Internet unter www.motorbuch-verlag.de

Nachdruck, auch einzelner Teile, ist verboten. Das Urheberrecht und sämtliche weiteren Rechte sind dem Verlag vorbehalten. Übersetzung, Speicherung, Vervielfältigung und Verbreitung einschließlich Übernahme auf elektronische Datenträger wie DVD, CD-ROM usw. sowie Einspeicherung in elektronische Medien wie Internet usw. ist ohne vorherige schriftliche Genehmigung des Verlages unzulässig und strafbar.

Lektorat: Joachim Köster
Innengestaltung: tebitron gmbh, Gerlingen
Druck und Bindung: Appel & Klinger, 96277 Schneckenlohe
Printed in Germany

Inhalt

Vorwort und Dank

Thema dieses Typenkompass sind die Kampfpanzer der USA seit 1945. Obwohl alle Prototypen und auch fast sämtliche Versuchsfahrzeuge zumindest Erwähnung finden, war es aus Platzgründen leider nicht möglich, Entwürfe, die nicht über das Projektstadium hinauskamen, vorzustellen. Was schade ist, da insbesondere in den 1950er und 60er Jahren viele interessante und mitunter sogar bizarre Ideen zu Papier gebracht wurden. Auch Schützenpanzer und Selbstfahrlafetten mussten außen vor bleiben, da sie den Rahmen dieses Typenkompass gesprengt hätten. Dennoch denke ich, dass dieser Typenkompass einen guten Überblick über die Entwicklung der Kampfpanzer der USA seit 1945 gibt und Interessierten die eine oder andere Überraschung bieten kann.

Wie bei all meinen Büchern haben mich zahlreiche Einzelpersonen, Firmen und Organisationen unterstützt. Ihnen allen bin ich zu Dank verpflichtet. Besonders erwähnen möchte ich hier Richard S. Eshleman, Paul Appleyard, Alf van Beem, Massimo Foti und Mark Halloway, die mir erlaubten, ihre Fotografien zu nutzen.
Auch Oleg Halin, Vincent Bourguignon und Radek Pancartek steuerten ihre hervorragenden Zeichnungen bei, dafür sei ihnen hier ausdrücklich gedankt.
Nicht unerwähnt lassen möchte ich in diesem Zusammenhang meine Ehefrau Martina sowie unsere Kinder Thore und Ida. Danke!

Dortmund, im März 2018

Alexander Lüdeke

Seit Herbst 2017 erprobt die US-Armee das israelische Hard-Kill-System Trophy. Trophy ist ein abstandsaktives Schutzsystem, das sich nähernde Projektile per Radar erfasst und mit Hilfe einer »Schrotladung« neutralisiert. (US Army)

Hatten die USA 1941 noch so gut wie keine Kampfpanzer besessen, so wandelte sich dieses Bild bis zum Ende des Zweiten Weltkriegs erheblich. Innerhalb weniger Jahre hatten die Vereinigten Staaten Zehntausende von Kampffahrzeugen entwickelt und produziert. Obwohl diese nicht immer zu den besten Typen auf dem Schlachtfeld zählten, sorgte doch ihre schiere Zahl und Verfügbarkeit sowie der scheinbar nie versiegende Strom an Nachschubgütern aller Art dafür, dass dieser Nachteil mehr als ausgeglichen wurde.
In der unmittelbaren Nachkriegszeit gab es zunächst keinerlei ernsthafte Anstrengungen neue Fahrzeuge zu entwickeln, nicht zuletzt, weil schlicht Tausende von Fahrzeugen zur Verfügung standen. Der allgegenwärtige M4 Sherman und der M26 Pershing wurden als ausreichend betrachtet, um die Rolle des mittleren Kampfpanzers zu erfüllen (der 1945 wohl mehr aus psychologischen Gründen als schwerer Panzer eingestufte M26 wurde im Mai 1946 zum mittleren Kampfpanzer umklassifiziert). Einzig für den erst bei Kriegsende eingeführten M24 Chaffee begann die US Army bereits 1946 einen Nachfolger zu suchen. Die noch zu Ende des Zweiten Weltkriegs in Auftrag gegebenen schweren Typen T29, T30, T32 und T34 wurden zwar nach Kriegsende noch erprobt, aber sämtlich nicht übernommen. Als Lehre aus dem Zweiten Weltkrieg überarbeiteten die USA jedoch ihre Panzer-Doktrin. Den Kampf gegen gegnerische Panzer sollten nicht mehr spezielle Jagdpanzer, sondern die eigenen Kampfpanzer führen, die dazu mit leistungsfähigen Bordkanonen ausgerüstet werden mussten. Die mit 75-mm-BK bewaffneten M4 verschwanden daher rasch aus dem US-Arsenal und nur die mit langen 76-mm-BK oder 105-mm-Haubitzen versehenen M4A3 mit HVSS-Laufwerk wurden noch bis in die 1950er Jahre weiterverwendet. Die als untermotorisiert geltenden und einem nicht immer zuverlässig arbeitenden Getriebe gestraften M26 Pershing wurden mit leistungsstärkeren Motoren, neuen Getrieben sowie modifizierten BK zu M46 Patton umgerüstet. Dies blieb jedoch nur eine Übergangslösung. Spätestens nach der kommunistischen Machtübernahme in der Tschechoslowakei am 25. Februar 1948 und der vom 24. Juni 1948 bis 12. Mai 1949 andauernden Berlin-Blockade durch die Sowjetunion wurde den USA klar, dass eine neue Konfrontation drohte. Als dann am 25. Juni 1950 der Koreakrieg ausbrach, befürchteten die Vereinigten Staaten, dass dieser Konflikt in einen neuen Weltkrieg münden könnte. Allerdings musste man mit Erschrecken feststellen, dass sich zu jener Zeit kein einziger moderner Kampfpanzer in Serienfertigung befand – es drohte eine ähnliche Situation wie 1941.
Als Reaktion darauf lief eine Art Notprogramm an, um die Panzertruppe möglichst rasch mit modernen Fahrzeugen auszurüsten. Leider führte die Eile, mit der nun neue Typen wie der leichte T41E1 (der spätere M41), der T48 (der spätere M48) und der schwere T43 (der spätere M103) entwickelt wurden, zu zahlreichen Komplikationen. Ihre Serienproduktion begann, bevor die Konstruktionen ausgereift waren. Als Ergebnis mussten die ersten Serienfahrzeuge als nicht fronttauglich eingestuft werden. Zum Glück blieb der Korea Krieg ein lokaler Konflikt und die dort eingesetzten mittleren Panzer der Typen M4A3, M26 und M46 waren den gegnerischen T34/85 mehr als gewachsen oder sogar klar überlegen.
Die ab Anfang der 1950er Jahre gebauten Kampfpanzer M47 Patton und M48 Patton waren direkte Abkömmlinge des M26 Pershing/M46 Patton und führten nur schrittweise Verbesserungen wie z.B. optische Entfernungsmesser (EM), analoge Feuerleitrechner und besseren Panzerschutz ein. Die Bewaffnung blieb beim Kaliber 90 mm. Größter Nachteil des M47 Patton und M48 Patton waren aber ihre Ottomotoren, die derartig viel Treibstoff verbrauchten, dass die Reichweite im Gelände bei nur 50 km lag. Mitte der 1950er Jahre

initiierte die Army die Entwicklung eines neuen, revolutionären Kampfpanzers, der Feuerkraft und Schutzniveau eines schweren Typs mit der Beweglichkeit eines mittleren Fahrzeugs vereinen und damit als Standardkampfpanzer dienen sollte. Da die Entwicklung des T95 aber scheiterte, wurde Ende der 1950er Jahre der M60 Patton als evolutionäre Entwicklung aus dem M48 Patton eingeführt. Der M60 verfügte über einen Dieselmotor sowie eine 105-mm-BK und war ab der Ausführung M60A1 dank eines neuen Turms auch wesentlich besser geschützt als der M48. Der M60 wurde damit zum ersten Standardkampfpanzer oder Main Battle Tank der USA und blieb bis weit in die 1980er Jahre die Hauptstütze der US-Panzertruppe.

Insgesamt war die Entwicklung vollständig neuer Typen während der 1950er und 60er Jahre in den USA von Schwierigkeiten und Misserfolgen geprägt. Größtes Problem war die Bewaffnung. Wie in der UdSSR wurden auch in den USA zu jener Zeit Flugkörper als Waffe der Zukunft gesehen. Das Shillelagh-FK-System wurde in den leichten M551 Sheridan, den M60A2 Patton sowie den gemeinsam mit der Bundesrepublik Deutschland entwickelten MBT-70 eingebaut und erwies sich in allen drei Typen als unzuverlässig und fehlerhaft. Anfang der 1970er Jahre entschloss sich die Führung der US-Armee daher zu einem Schnitt und ließ mit dem M1 Abrams ein völlig neues Fahrzeug konstruieren, das zwar über revolutionäre Merkmale wie einen Gasturbinenantrieb und eine neuartige Mehrschicht-Verbundpanzerung verfügte, jedoch mit einer konventionellen 105-mm-Zugrohr-BK ausgerüstet war. Interessanterweise basierten sowohl die 105-mm-BK M68 als auch die Panzerung des M1 Abrams auf britischen Entwicklungen, nämlich der L7-Zugrohr-BK und der Chobham-Panzerung. Der Abrams, mittlerweile mit einer in Deutschland von Rheinmetall konstruierten 120-mm-Glattrohr-BK ausgerüstet, stellt seit seiner Einführung Anfang der 1980er Jahre bis heute (2018) die Hauptstütze der Panzereinheiten des Heeres und der Marineinfanterie der Vereinigten Staaten. Das Ende des Kalten Krieges 1990/91 sowie die überragende Leistung dieses Typs im Irakkrieg 1991 führten dazu, dass bereits begonnene Nachfolge-Projekte nicht weiterverfolgt wurden. Tatsächlich hatten sich M1A1 sowohl 1991 als auch 2003 ihren irakischen Gegnern, die mit Kampfpanzern sowjetischer oder chinesischer Herkunft ausgerüstet waren, als weit überlegen gezeigt. Dies lag jedoch nicht nur an den veralteten irakischen Panzern, sondern auch an der schlechteren Ausbildung, Motivation und Führung der irakischen Truppen. In einem Gefecht gegen Einheiten des ehemaligen Warschauer Paktes wäre das Ergebnis wohl nicht so einseitig ausgefallen. Ein Nachfolger des M1 Abrmas ist auch 2018 nicht wirklich in Sicht. Alle Programme, die seit Anfang der 1990er Jahre gestartet wurden und einen neuen US-Kampfpanzer hervorbringen sollten, sind gescheitert. Zum Teil aus finanziellen Gründen (AGS M8) oder weil sich die Anforderungen und Vorgaben des Bedarfsträgers US-Streitkräfte änderten (XM 1202 Mounted Combat System). Auch wenn das Tank Automotive Research, Development and Engineering Center (TARDEC) der US Army seit 2017 laut Presseberichten erste Untersuchungen für einen leichteren Nachfolger des M1 Abrams anstellt, der in 2030er Jahren eingeführt werden könnte, ist nichts Konkretes bekannt. Die Army rechnete zumindest 2018 noch damit, den M1 in seiner neuesten Version M1A2 SEPv3 noch bis 2050 (!) sinnvoll nutzen zu können und zu wollen. Für die 2020er Jahre ist eine als SEPv4 bezeichnete Version in Aussicht gestellt, die u.a. über neue Mehrzweck-Munition, neue Wärmebildgeräte (WBG) der vierten Generation, neue Laser-EM und eine neue FL-Anlage, Kameras, Laserwarngeräte sowie Netzwerkelektronik verfügen soll. Das KWS-Potential des M1 dürfte jedoch bald erschöpft sein. In Anbetracht neuer russischer und chinesischer Entwicklungen keine brillante Perspektive. Ob die seit 2016 laufende Suche der US-Streitkräfte nach einem neuen leichten Kampfpanzer (allerdings nicht mehr als solcher bezeichnet, sondern Mobile Protected Firepower genannt) je von Erfolg gekrönt sein wird, bleibt dahingestellt. Zumindest will das Pentagon nun auch die Beschaffung bereits verfügbarer Konstruktionen, auch aus dem Ausland, in Erwägung ziehen.

US-Bezeichnungssystem

Wie bereits vor 1945 erhielten Fahrzeuge der US-Streitkräfte in den ersten Jahren nach dem Zweiten Weltkrieg während der Projekt-, Konstruktions- und Erprobungsphase eine T-Bezeichnung (T für Test). So konnte ein Prototyp also die Bezeichnung T43 erhalten. Jede experimentelle Veränderung wurde durch das Suffix »E« angezeigt, aus dem T43 wurde so der T43E1. Die »1« steht dabei für die erste, eine »3« steht dann für die dritte Modifikation gegenüber dem Grundmodell. Die T-Bezeichnung wurde in der Regel, aber nicht immer, chronologisch vergeben.
Seit Ende der 1950er Jahre änderte sich dieses System. Prototypen wurden nun mit dem Suffix »X« (für eXperimental) gekennzeichnet. So war XM1 die Bezeichnung der Pilotfahrzeuge des späteren XM60, M60.
Wurde ein Fahrzeug offiziell von den Streitkräften übernommen und in Serie gebaut, erhielt es eine M-Bezeichnung, z.B. M41, M47 oder M48. (M steht dabei für »Model«, also Modell). Nach 1945 war es meist üblich, dass die M-Bezeichnung in Zusammenhang zur T-Bezeichnung stand. Eine Ausnahme bildet hier der M103, der in Prototypenform die Bezeichnung T43 trug.
Wurden Panzer nach ihrer offiziellen Einführung bei der US-Armee modifiziert, so erhielten sie ein »A« sowie eine Zahl als Suffix, als Beispiel mag hier die M48-Serie dienen: M48, M48A1, M48A2, M48A3 und M48A5.
Die klassische Aufteilung in leichte, mittlere und schwere Kampfpanzer wurde seitens der US-Streitkräfte bereits Anfang der 1950er Jahre als überholt eingestuft. Stattdessen erfolgte eine Klassifizierung nach Kalibergrößen. Aus dem Light Tank T41 wurde so der 76 mm Gun Tank T41.
US-Panzer erhielten in der Regel zudem Namen populärer US-Generäle wie z.B »Patton« (nach George S. Patton, US-Panzergeneral des Zweiten Weltkriegs), nachdem die Typen M46, M47, M48 und M60 benannt wurden. Eine Ausnahme bildet auch wieder der M103, dem kein solcher Name zugeordnet wurde.

Die USA exportierten während des Kalten Krieges Tausende von Kampfpanzern in alle Welt. Dieser M60A1 Patton lief bei der iranischen Panzertruppe, die vor der Revolution von 1979 rund 200 Exemplare erhielt. (Radek Pancartek)

Glossar

ABC	Atomar, Biologisch, Chemisch
APFSDS	Armor Piercing Fin-Stabilized Discarding Sabot - panzerbrechendes, flügelstabilisiertes Treibkäfiggeschoss
APG	Aberdeen Proving Ground, Erprobungsgelände der US Army in Maryland, USA
BK	Bordkanone
EM	Entfernungsmesser
ERA	Explosive Reactive Armor – Explosive Reaktivpanzerung
FK	Flugkörper
FL-Anlage	Feuerleitanlage
HEAT	High Explosive Anti Tank – Hohlladungsgeschoss zur Panzerabwehr
HL	Hohlladung
IED	Improvisierte Sprengfalle
KE	Kinetic Energy - Wuchtgeschoss
KWS	Kampfwertsteigerung
L/XX	Länge des Rohres in Vielfachen des Kalibers. Eine 105-mm-BK L/51 besitzt also ein 5355 mm langes Rohr.
MG	Maschinengewehr
MK	Maschinenkanone
PzAbwFK	Panzerabwehrflugkörper
RWS	fernbedienbare Waffenstation
TACOM	Tank Automotive and Armaments Command
USMC	United States MarinemCorps, US-Marineinfanterie
WBG	Wärmebildgerät

Der M47 Patton war der erste in großen Massen produzierte Kampfpanzer der USA nach dem Zweiten Weltkrieg. Dieser M47 lief einst bei den französischen Streitkräften und befindet sich heute im Panzermuseum von Saumur. Musée des Blindés de Saumur, 17. Juli 2015. (Massimo Foti)

Light Tank T37 und T41

Obwohl der M24 (siehe Typenkompass Kampfpanzer der USA 1917–1945) gegenüber seinen Vorläufern M3 und M5 eine erhebliche Verbesserung darstellte, war sich die Führung der US Army bereits 1945 darüber im Klaren, dass dessen 75-mm-BK M6 L/39 für den Kampf gegen gegnerische Panzer nicht ausreichte, weshalb die Entwicklung eines

T37 auf dem Aberdeen Proving Ground (APG), Maryland, USA, 3. Juni, 1949. Man beachte die MG-Behälter an den hinteren, sowie die Ausblicke des Entfernungsmessers (EM) an den vorderen Turmseiten. (NARA)

Daten für T37 Phase I

Typ	Leichter Kampfpanzer Prototyp
Hersteller	Detroit Arsenal
Gefechtsgewicht (kg)	21.900
Länge (mm)	5641 (ohne Rohr), 7419 (mit Rohr)
Breite (mm)	3226
Höhe (mm)	2591 (Oberseite Kommandantenkuppel)
Motor	Continental AOS-895-1, 6-Zylinder-Ottomotor
Leistung (kW/PS)	368/500
Leistungsgewicht (PS/t)	22,8
Höchstgeschwindigkeit (km/h)	66 (Straße)
Kraftstoffvorrat (l)	541
Fahrbereich (km)	240 (Straße)
Besatzung	4
Bewaffnung	1 x 76-mm-BK T94, 1 x 12,7-mm-MG H2B koaxial, 2 x 7,62-mm-M1919A4-MG in bewegl. Behältern an den Turmseiten, 1 x 12,7-mm-Fla-MG H2B
Kampfsatz	60 x 76 mm, 1980 x 12,7 mm, 3750 x 7,62 mm
Panzerung	9,25 - 31,8 mm Panzerstahl
Furttiefe	1,12 m

25-t-Fahrzeugs mit verbesserter Bewaffnung und Mobilität angeregt wurde. Die Konstruktionsarbeiten begannen Ende 1946 und waren Anfang 1949 beendet. Der als T37 bezeichnete Panzer verfügte über eine nur noch vier Mann starke Besatzung, denn auf den MG-Schützen rechts neben dem Fahrer war verzichtet worden. An dessen Stelle wurde nun BK-Munition untergebracht. Der Fahrer saß vorn links in der Wanne, die, ebenso wie der Turm, geschweißt war. Da Aufklärung die Hauptaufgabe des Panzers sein sollte, nahm eine leistungsstarke Funkanlage praktisch die gesamte Heckauslage des Turms ein. Den Antrieb übernahm ein neu entwickelter luftgekühlter 500-PS-Ottomotor, der auf die hinten liegenden Treibräder wirkte. Dadurch entfiel die unter dem Kampfraum hindurch laufende Antriebswelle, so dass der Panzer insgesamt niedriger gehalten werden konnte. Der T37 verfügte über Drehstabfederung und war 9,25 mm bis 31,8 mm stark gepanzert. Ursprünglich war vorgesehen, den T37 zur Erprobung mit drei unterschiedlichen Türmen auszustatten. Der Phase-I-Turm war mit einer 76-mm-BK T94 und einem koaxialen 12,7-mm-MG bestückt. Hinzu kamen zwei bewegliche Behälter am Turmheck mit je einem 7,62-mm-MG, die den Höhenrichtbewegungen (-9° bis +20°) der Hauptwaffe folgten, jedoch manuell auch bis zu +45° gerichtet werden konnten. Ein 12,7-mm-MG auf dem Turm vervollständigte die Bewaffnung. Um die Trefferwahrscheinlichkeit der BK zu erhöhen, wurde ein stereoskopischer Entfernungsmesser (EM) installiert, dessen Ausblicktöpfe links und rechts aus den vorderen Turmseiten ragten. Der T37-Prototyp mit Phase-I-Turm wurde am 30. Mai 1949 für ausgedehnte Tests zum Aberdeen Proving Ground (APG) in Maryland verbracht und im August 1950 an das Detroit Arsenal zurück gegeben.

Der Phase-II-Turm war mit der 76-mm-BK T91 bewaffnet, die über eine höhere Mündungsgeschwindigkeit verfügte und eine Zwei-Achsen-Stabilisierung besaß, sodass auch während der Fahrt zielgenau geschossen werden konnte. Hinzu kam ein vom britischen Rüstungskonzern Vickers entwickeltes Feuerleitsystem (FL-System) mit Vorhalterechner und EM. Der mit diesem Turm ausgerüstete T37 wurde schließlich in T41 umbenannt. Der T41 erhielt ein leicht modifiziertes Fahrwerk, bei dem das Kettenspannrad entfiel. Die Sekundärbewaffnung entsprach jener des T37.

Der Phase-III-Turm schließlich sollte die 76-mm-BK T91 mit Ladeautomaten sowie ein von IBM entwickeltes FL-System mit EM und Ballistikrechner erhalten – allerdings wurde dieses Projekt nicht verwirklicht.

Der erste T41 während seiner Erprobung auf dem APG. (NARA)

Drei T41 wurden neben dem T37 von Ende Mai 1949 bis August 1950 auf dem APG erprobt. Dabei ergaben sich rasch folgende Empfehlungen: Da ein EM die Wahrscheinlichkeit eines Treffers auf weite Entfernung erheblich erhöhte, sollte dieser beibehalten werden. Das Vickers FI-System jedoch war nicht ausgereift und bedurfte noch erheblicher Entwicklungsarbeit, bevor es serienreif sein würde. Da der EM des T41 jedoch integraler Bestandteil des Vickers-Systems war und nicht für sich verbaut werden konnte, wurde der EM des T37 favorisiert. Sowohl beim T37 als auch beim T41 waren Kommandant und Richtschütze auf der linken und der Ladeschütze auf der rechten Turmseite untergebracht. Dies erwies sich während der Erprobung als ungünstig. Stattdessen sollte die Turmbesatzung wie in den mittleren US-Panzern platziert werden, d. h. Kommandant und Richtschütze rechts, Ladeschütze links. Hinzu kamen Probleme mit dem Antrieb, der nicht immer zuverlässig arbeitete. Die MG-Behälter an den Turmseiten wurden als unnötig erachtet. Das Detroit Arsenal überarbeitete den Entwurf daher entsprechend und erweiterte zudem den Durchmesser des Turmdrehkranzes von 1753 mm auf 1854 mm. Dieser neue Entwurf erhielt die Bezeichnung T41E1 und führte schließlich zum M41.

Daten für T41

Typ	Leichter Kampfpanzer Prototyp
Hersteller	Detroit Arsenal
Gefechtsgewicht (kg)	23.405
Länge (mm)	5641 (ohne Rohr), 8054 (mit Rohr)
Breite (mm)	3226
Höhe (mm)	2741 (Oberseite Kommandantenkuppel)
Motor	Continental AOS-895-1, 6-Zylinder-Ottomotor
Leistung (kW/PS)	368/500
Leistungsgewicht (PS/t)	21,36
Höchstgeschwindigkeit (km/h)	66 (Straße)
Kraftstoffvorrat (l)	541
Fahrbereich (km)	240 (Straße)
Besatzung	4
Bewaffnung	1 x 76-mm-BK T138, 1 x 12,7-mm-MG H2B koaxial, 2 x 7,62-mm-M1919A4-MG in bewegl. Behältern an den Turmseiten, 1 x 12,7-mm-Fla-MG H2B
Kampfsatz	40 x 76 mm, 1540 x 12,7 mm, 3500 x 7,62 mm
Panzerung	9,25 - 31,8 mm Panzerstahl
Furttiefe	1,12 m

76 mm Gun Tank M41 Walker Bulldog

Im Januar 1950 erhielt die Cadillac Motor Car Division (Teil des General Motors Konzerns) den Auftrag zum Bau von 100 Vorserienfahrzeugen des Typs T41E1. Davon sollten zunächst zwei Panzer fertiggestellt werden, um zu überprüfen, ob weitere Änderungen am Entwurf nötig sein würden. Allerdings brach im Juni 1950, bevor auch nur ein einziger T41E1 komplettiert worden war, der Koreakrieg aus. Da zu jener Zeit damit gerechnet wurde, dass sich dieser Konflikt in einen globalen Krieg ausweiten könnte, wurde Cadillac beauftragt, möglichst rasch 1000 leichte Panzer zu produzieren. Um die Fertigung zu beschleunigen wurde auf den komplexen EM verzichtet, wodurch der Turm zugleich niedriger und leichter gehalten werden konnte.

Die Serienproduktion des T41E1 startete Mitte 1951. Diese Eile führte jedoch dazu, dass der Typ von zahlreichen Kinderkrankheiten geplagt wurde, die erst im Laufe der Produktion beseitigt werden konnten. Zwischen Juli 1951 und Juli 1952 verlangte die US Armee nicht weniger als 4000 Änderungen am Entwurf. Aus diesem Grund wurden daher 1631 T41E1 zunächst eingelagert, bis diese Probleme beseitigt werden konnten. Nach 1802 T41E1 ging Ende 1952 dann der verbesserte T41E2 in Serie. Neben zahlreichen Detailänderungen führte dieser anstelle eines elektrischen ein kompakteres, hydraulisches Turmschwenkwerk ein, sodass nun mehr Munition (65 anstelle von 57 76,2-mm-Granaten) mitgeführt werden konnte. Des Weiteren wurde die Turmkonstruktion modifiziert. Viele frühere Fahrzeuge wurden auf diesen Stand nachgerüstet. Im Laufe der Fertigung wurden diverse weitere Veränderungen, z. B. an den Luken, den Optiken, den Kettenabdeckungen, der BK (u. a. der Mündungsbremse) sowie der Abgasanlage vorgenommen. T41E1 und T41E2 verfügten über keinen ABC-Schutz und

Ein früher T41E1 während seiner Erprobung auf dem APG. Man beachte die Turmkonstruktion, die sich von späteren Fahrzeugen unterscheidet, insbesondere die Schweißnaht an der Seitenwand, sowie die später nicht mehr montierten Kettenblenden (NARA)

Ein später M41A1 auf dem APG, man beachte die modifizierte Mündungsbremse und die entfernten Kettenblenden. (US Army)

waren zunächst nicht nachtkampffähig, besaßen jedoch IR-Fahrscheinwerfer. Allerdings wurden im Laufe der Dienstzeit des Typs zum Teil IR-Scheinwerfer am Turm nachgerüstet. Erst am 29. Mai 1953 erhielten T41E1 und T41E2 die offizielle Bezeichnung M41 bzw. M41A1. Der ursprünglich vorgesehene Name Little Bulldog wurde zu Ehren des 1951 in Korea bei einem Unfall verstorbenen Generals W.H. Walker in Walker Bulldog abgeändert. Insgesamt entstanden bis 1954 5467 M41 und M41A1.

Eines der Hauptprobleme des M41 war sein überaus durstiger Ottomotor, weshalb im Frühjahr 1955 am AOS-895-3 Triebwerk versuchsweise eine Einspritzanlage installiert wurde, die den Treibstoffverbrauch um gut 20% senkte. Der so modifizierte Motor ging als AOS-895-5 in Serie. Mit diesem Triebwerk versehene M41 wurden als M41A2 und M41A1 als M41A3 bezeichnet.

Basierend auf Elementen des M41 entstand eine ganze Reihe von gepanzerten Fahrzeugen wie z.B der Flakpanzer M42 Duster mit 40-mm-Zwillingsflak, der Schützenpanzer M75 sowie die Panzerhaubitzen M44 (155 mm) und M52 (105 mm). M42, M44 und M52 fanden sich auch bei Einheiten der Bundeswehr.

Der M41 kam während des Koreakrieges nicht mehr zum Kampfeinsatz. 1961 unterstützten fünf M41 die Landung kubanischer Regierungsgegner in der Schweinebucht auf Kuba, gingen aber sämtlich verloren. Während des Vietnamkrieges kam der Typ sowohl bei den amerikanischen als auch bei den

Ein M41 des spanischen Heeres. Spanien erhielt zwischen 1959 und 1961 245 gebrauchte M41 aus US-Beständen.

Daten für M41 und M41A1

Typ	Leichter Kampfpanzer
Hersteller	Cadillac Division GMC
Gefechtsgewicht (kg)	23.225/23.500
Länge (mm)	5819 (Wanne), 8123 (mit Rohr)
Breite (mm)	3198
Höhe (mm)	2726 (ohne Fla-MG), 3075 (mit Fla-MG)
Motor	Continental AOS-895-3, 6-Zylinder-Ottomotor
Leistung (kW/PS)	368/500
Leistungsgewicht (PS/t)	21,53 bzw. 21,28
Höchstgeschwindigkeit (km/h)	72 (Straße)
Kraftstoffvorrat (l)	530
Fahrbereich (km)	160 (Straße)
Besatzung	4
Bewaffnung	1 x 76-mm-BK M32 L/64, 1 x 7,62-mm-MG M1919A4E1 koaxial, 1 x 12,7-mm-M2HB-Fla-MG
Kampfsatz M41	57 x 76 mm, 600 x 12,7 mm, 5225 x 7,62 mm
Kampfsatz M41A1	65 x 76 mm, 600 x 12,7 mm, 4900 x 7,62 mm
Panzerung	Panzerstahl, 9,25 mm – 38,1 mm
Furttiefe	1,22 m (2,44 m mit Vorbereitung)

M41A3 Walker Bulldog der Exil-Kubaner, die 1961 in der Schweinebucht auf Kuba landeten. Das Fahrzeug wurde im Laufe dieser Aktion durch kubanische Regierungstruppen erbeutet. (Vincent Bourguignon)

südvietnamesischen Streitkräften zum Einsatz und bewährte sich trotz seiner Nachteile (geringe Reichweite, hoher Lärmpegel, enger Innenraum) gut. So war seine durchschlagkräftige 76-mm-Kanone in der Lage, nicht nur nordvietnamesische leichte Panzer des Typs PT-76, sondern auch Kampfpanzer wie den T-54 bzw. dessen chinesische Kopie Typ 59 auszuschalten.

Die Dienstzeit des M41 bei den US-Streitkräften war recht kurz, da der Typ die Anforderungen der Army nicht vollständig erfüllte und nur als Interimslösung betrachtet wurde. Bis 1969 waren die letzten M41 aus den Einheiten der US Army verschwunden. Zahlreiche neue und gebrauchte Walker Bulldog wurden jedoch exportiert, u. a. nach Belgien, Chile, Dominikanische Republik, Japan, Jordanien, Libanon, Neuseeland, Philippinen, Somalia, Spanien, Thailand, Tunesien – und waren dort zum Teil auch noch 2018 im Einsatz. Die Bundeswehr beschaffte ab 1956 602 M41, die bis 1966 als leichte Kampf-, Jagd- und Spähpanzer zum Einsatz kamen. Bei den Panzeraufklärern wurden die letzten M41 sogar erst 1969 ausgesondert. Österreich betrieb zwischen 1960 und 1979 ebenfalls 42 M41, die als Späh- und Jagdpanzer verwendet wurden. Brasilien war ein weiterer Betreiber des Typs und modernisierte ab Ende der 1970er Jahre 286 seiner 340

Mitglieder der Nationalgarde (Troop B, 1st Reconnaissance Squadron, 108th Cavalry, 48th Armored Division), werden während eines Manövers vom einem M41 begleitet. Fort Stewart, Georgia, USA, 25. Juni bis 9. Juli 1961. (Georgia Nationalguard)

M41 umfassend mit Scania-Dieselmotoren, 90-mm-Kanonen, Zusatzpanzerung, neuer FL-Anlage mit Laser-EM und Nachtsichtgeräten. Nachdem diese Panzer durch gebrauchte Leopard I ersetzt worden waren, wurden 46 davon an Uruguay weitergegeben. Taiwan erhielt 675 M41, die ähnlich wie die brasilianischen Fahrzeuge modernisiert wurden und zum Teil auch 2018 noch im Dienst waren. Dänemark beschaffte 1953 ebenfalls 53 M41, die ab Mitte der 1980er Jahre modernisiert und dann als M41DK bezeichnet wurden. Die letzten dänischen M41DK wurden 1998 ausgemustert – einige davon fanden jedoch ihren Weg nach Guatemala, wo sie immer noch weiterverwendet werden.

Ein M41A1 mit den frühen, eckigen vorderen Kettenabdeckungen. (US Army)

90 mm Gun Tank T49

Obgleich die 76-mm-BK des T41 problemlos in der Lage war, den T-34/85 auszuschalten, machte das Erscheinen des T-54 doch deutlich, dass eine schlagkräftigere Bewaffnung nötig sein würde. Im Januar 1950 regte das Detroit Arsenal daher die Ausrüstung des T41 mit der 90-mm-Glattrohr-BK T132 an. Versuche mit dieser Waffe ergaben jedoch, dass ihre Zielgenauigkeit sehr zu wünschen übrig ließ, weshalb eine Version mit gezogenem Rohr (T132E3) produziert wurde, die man in die modifizierten Türme zweier T41E1 installierte. Um die Waffe und einen EM unterbringen zu können, wurde das Turmdach um ca.16 cm angehoben und ein überarbeitetes elektrisches Turmschwenkwerk verbaut. In dieser Form erhielten die beiden Panzer die Bezeichnung T49 und wurden von Mai 1954 bis Mai 1955 auf dem APG erprobt. Dabei ergab sich, dass die Bewaffnung mit einer 90-mm-BK möglich und das Turmschwenkwerk dem bisherigen überlegen war, der EM jedoch modifiziert werden musste. Da der T41E1 (bzw. M41) mittlerweile aber nur noch als Übergangslösung betrachtet wurde, wurde das Projekt eingestellt. Auch Vorschläge den M41 mit der 90-mm-BK des M48 Patton oder einem unbemannten 105-mm-Turm auszurüsten, wurden daher nicht weiterverfolgt.

Typ	Leichter Kampfpanzer Prototyp
Hersteller	Modifikation durch United Shoe Machinery Corporation
Gefechtsgewicht (kg)	24.130
Länge (mm)	5674 (ohne Rohr), 7950 (mit Rohr)
Breite (mm)	3274
Höhe (mm)	3233 (mit Fla-MG)
Motor	Continental AOS-895-3, 6-Zylinder-Ottomotor
Leistung (kW/PS)	368/500
Leistungsgewicht (PS/t)	20,72
Höchstgeschwindigkeit (km/h)	72 (Straße)
Kraftstoffvorrat (l)	530
Fahrbereich (km)	160 (Straße)
Besatzung	4
Bewaffnung	1 x 90-mm-BK T132E3, 1 x 7,62-mm-M1919A4E1-MG koaxial, 1 x 12,7-mm-Fla-MG H2B
Kampfsatz	40 x 90 mm, 600 x 12,7 mm, 6225 x 7,62 mm
Panzerung	12,7 – 31,8 mm Panzerstahl
Furttiefe	1,22 m

T49 auf dem APG. Man beachte den gegenüber dem T41E1, bzw. M41 erhöhten Turm. (NARA)

76 mm Gun Tank T92

Bereits 1951 begann die US Army damit, einen Nachfolger für den eben erst in Produktion gegangenen M41 zu suchen, da dieser den Anforderungen des Militärs nicht vollständig genügte. Gesucht wurde ein leichteres und günstigeres Fahrzeug mit höherer Reichweite. Aus einer Vielzahl von Konzepten wählte die Army Ende Juli 1953 zwei Entwürfe aus. Während der von Cadillac entwickelte T71 nicht über die Projektphase hinauskam, wurde der erste AAI-Prototyp des T92 am 2. November 1956 zur Erprobung an den APG überstellt, ein zweiter Prototyp folgte am 22. Juli 1957. Der T92 war ein sehr kleines Fahrzeug mit niedriger Silhouette, das, obwohl es den gleichen Schutz wie der M41 versprach, nur ein Gefechtsgewicht von rund 16,85 t aufwies. Die BK war im Grunde die 76-mm-M32 des M41 in einem sehr flachen Turm. Allerdings war die BK mit einem schnell auswechselbaren Rohr versehen und um 180° gekippt installiert worden, weshalb sie die Bezeichnung T185E1 erhalten hatte. Kommandant (rechts) und Richtschütze (links) verfügten über unabhängig drehbare Kuppeln, die mit 7,62- oder 12,7-mm-MG bestückt werden und auch gegen Luftziele wirken konnten. Der Ladeschütze saß unterhalb der BK und versorgte diese über ein halbautomatisches System mit Munition, die größtenteils im Wannenheck gelagert war. Motor und Getriebe befanden sich vorn, der Fahrer fand seinen Platz links davon. Das Fahrwerk verfügte über eine Torsiolastic-Aufhängung. Dabei wurden die an Schwingarmen aufgehängten Laufräder durch Gummilager gefedert,

Der T92 in seiner ursprünglichen Form ohne hinteres Leitrad in schneller Fahrt. (NARA)

die in großen zylindrischen Verkleidungen an der Wannenseite angebracht waren. Der T92 war zunächst mit einer durch Stahl verstärkten Gummikette ausgerüstet, diese wurde während der Erprobung jedoch durch eine konventionelle Kette ersetzt. Des Weiteren erhielt das Laufwerk ein hinteres Leitrad. Obgleich die Tests auf dem APG eine Reihe weiterer Modifikationen nötig machten, erwiesen sich die beiden T92-Prototypen als durchaus erfolgreich. Aufgrund der Einführung des sowjetischen PT-76 forderte das Pentagon nun jedoch einen schwimmfähigen leichten Panzer und eine schwerere Bewaffnung. Oberste Maxime beim Entwurf des T92 war jedoch ein möglichst kleines Fahrzeug mit hohem Schutz gewesen, weshalb es dem Typ an internem Volumen mangelte, sodass er nicht schwimmfähig gemacht werden konnte. Mitte 1958 wurde die Entwicklung des T92 daher eingestellt, die Erprobung der beiden Prototypen jedoch noch eine Weile fortgesetzt.

Typ	Leichter Kampfpanzer Prototyp
Hersteller	Aircraft Armaments, Inc. (AAI)
Gefechtsgewicht (kg)	16.855
Länge (mm)	4820 (ohne Rohr), 6286 (mit Rohr)
Breite (mm)	3150
Höhe (mm)	2263
Motor	Continental AOI-628-I, 8-Zylinder-Ottomotor
Leistung (kW/PS)	250/340
Leistungsgewicht (PS/t)	20,17
Höchstgeschwindigkeit (km/h)	56 (Straße)
Kraftstoffvorrat (l)	568
Fahrbereich (km)	330 (Straße)
Besatzung	4
Bewaffnung	1 x 76-mm-BK T185E1 L/64, 1 x 7,62-mm-M1919A4E1-MG und 1 x 12,7-mm-MG H2B
Kampfsatz	60 x 76 mm, 700 x 12,7 mm, 5000 x 7,62 mm
Panzerung	9,25 – 31,8 mm Panzerstahl
Furttiefe	1,02 m

Im Verlauf der Erprobung des T92 wurden ein hinteres Leitrad sowie neue Ketten installiert. Man beachte die MG-Kuppel mit einer 12,7-mm-MG (links) und einem 7,62-mm-MG rechts.

SFC Norman Lynch Ende 1963 neben dem siebten Prototypen des XM551. Man beachte die Auftriebshilfen an den Laufrädern sowie die umgestaltete Front mit der rotierenden Fahrerluke. (US Army)

152 mm Gun-Launcher AR/AAV M551 Sheridan

Nachdem die US Army im Juli 1959 eine Ausschreibung für einen leichten Aufklärungspanzer, der schwimmfähig, per Fallschirm absetzbar und stark bewaffnet sein sollte (ARAAV – **A**rmored **R**econnaissance **A**irborne **A**ssault **V**ehicle), herausgegeben hatte, wurden seitens der Industrie zwölf Vorschläge eingereicht. Schließlich erhielt Cadillac im Juni 1960 den Auftrag zwölf XM551 Sheridan (nach dem US-Bürgerkriegsgeneral Philip Sheridan) genannte Prototypen zu bauen, deren erster im Juni 1962 ausgeliefert wurde. Herzstück des XM551 genannten Prototyps war das *XM81 Shillelagh Combat Vehicle Weapon System,* eine 152-mm-Zugrohr-BK, die neben konventioneller Munition auch IR-gelenkte FK abfeuern konnte. Da nicht nur diese neue Kombinationswaffe einige Probleme verursachte, verlief die Entwicklung des XM-551 zunächst schleppend. Obwohl noch immer nicht alle Schwachstellen beseitigt waren, begann im Juni 1966 die Serienfertigung. Insgesamt wurden bis November 1970 1662 Fahrzeuge gebaut.

Die Wanne des M551 bestand aus Gewichtsgründen aus Aluminium. Die verschweißten Bleche waren dabei so weit wie möglich schräg gestellt, um eine maximale Geschossablenkung zu gewährleisten. Die eigentliche Wanne war von einer dünnen Blechhülle umgeben und der Zwischenraum mit Polystyrol-Schaum gefüllt, um die Schwimmfähigkeit zu gewährleisten. Der 3-Mann-Turm (Kommandant und Richtschütze rechts, Ladeschütze links) hingegen war aus Stahl. Die Panzerung schützte frontal gegen 12,7-mm-Geschosse, ansonsten bis gegen das Kaliber 7,62 mm. Das Drehstablaufwerk besaß fünf große Laufrollen, Treibrad und Antriebsstrang lagen hinten. Der M551 war schwimmfähig, vor der Einfahrt ins Wasser musste jedoch ein Schwimmbalg aufgerichtet werden, der zusammengelegt auf der Wanne mitgeführt wurde. Der Antrieb im Wasser geschah über die Ketten. Als Luftlandepanzer konnte das Fahrzeug von Transportern wie der C-130 Hercules oder der größeren C-141 Starlifter mitgeführt

Ein frühes Exemplar des M551 während seiner Erprobung in Fort Knox, Kentucky, im Oktober 1967. (NARA)

werden und konventionell nach der Landung gefechtsbereit aus dem Rumpf rollen, oder (auf einer schockabsorbierenden Plattform befestigt) per Fallschirm abgesetzt werden. Der M551 war ABC-geschützt und zunächst mit Restlichtverstärkern der 1. Generation ausgerüstet, die aber in mondlosen oder wolkigen Nächten nicht genug Leistung erbrachten, weshalb später IR-Scheinwerfer nachgerüstet wurden. Ab 1972 wurden die Fahrzeuge mit Laser-EM ausgerüstet (M551A1) und obwohl die meisten Sheridan 1979/80 stillgelegt wurden, erhielten die restlichen Fahrzeuge in den 1980er Jahren zuverlässigere koaxiale MG und eine neue Nebelwurfmittelanlage. 1990 wurden schließlich 70 Sheridan mit einem WBG (ähnlich jenem des M60A3) und einem neuen Restlichtverstärker für den Fahrer ausgerüstet. Diese Panzer wurden dann als M551A1(TTS) bezeichnet. Der Sheridan war mit dem 152-mm-Waffensystem M81 ausgerüstet, das in der Lage war konventionelle HEAT- und Splittergrananten oder IR-gesteuerte PzAbwFK MGM-51A Shillelagh abzufeuern. Obwohl der M551 theoretisch jeden Kampfpanzer

Ein später M551, zu erkennen am fehlenden Rauchabsauger der 152-mm-BK sowie dem Suchscheinwerfer. (US Army)

Typ	Leichter Kampfpanzer
Hersteller	Cadillac and Allison Division of GMC, Cleveland Tank Plant
Gefechtsgewicht (kg)	15.830
Länge (mm)	6299
Breite (mm)	2819
Höhe (mm)	2272 (Oberkante Turm), 2946 (Oberkante MG-Schild)
Motor	Detroit Diesel 6V53T, 6-Zyl.-Dieselmotor
Leistung (kW/PS)	221/300
Leistungsgewicht (PS/t)	18,95
Höchstgeschwindigkeit (km/h)	70 (Straße), 6 (Wasser)
Kraftstoffvorrat (l)	598
Fahrbereich (km)	600
Besatzung	4
Bewaffnung	1 x 152-mm-BK M81E1, 1 x 7,62-mm-MG M73 oder M219 koaxial, 1 x 12,7-mm-Fla-MG M2HB, 2 x 4 Nebelwurfbecher
Kampfsatz	10 x MGM-51 FK, 20 x 152 mm, 1000 x 12,7 mm, 3000 x 7,62 mm
Panzerung	Wanne Aluminium, Turm Panzerstahl
Furttiefe	Schwimmfähig

M551 Sheridan mit dem Namen »ARIZONA«, 2nd Platoon, A Troop, 1/11 Armored Cavalry Regiment, Vietnam, September 1970. (Vincent Bourguignon)

seiner Zeit ausschalten konnte, war seine Waffenanlage doch von Beginn an mit Fehlern behaftet. Eines der Probleme war, dass nach dem Abfeuern oftmals glühende Pulverreste im Patronenlager zurückblieben, welche die nächste Patrone beim Einlegen verfrüht zünden konnten. Die ersten 700 M551 wurden daher mit einem Druckluftsystem versehen, das die glühenden Reste aus dem Rohr entfernen sollte – dabei wurde glühendes Material aber auch in den Kampfraum geblasen, wo es die gelagerte Munition entzünden konnte. Erst ab dem 701. M551 wurde das System so modifiziert, das es bei noch geschlossenem Verschluss die Reste komplett nach außen ausblies. Das Abfeuern konventioneller Munition erzeugte zudem einen so hohen Rückstoß, dass die ersten beiden Laufrollen mitunter vom Boden abhoben. Der Rückstoß war so erheblich, dass sich Teile am Panzer lösten und die Elektronik der FK-Lenkanlage gestört wurde. Die Shillelagh-FK waren IR-gesteuert – allerdings wurden die Lenksignale oft von der Sonne übersteuert, wenn diese direkt hinter dem Panzer stand. Der erste Kriegseinsatz des M551 erfolgte ab Januar 1969 in Vietnam. Aufgrund der dortigen Minengefahr wurden die Fahrzeuge an der Wannenunterseite bald mit einer Zusatzpanzerung aus Titan versehen. Der Kommandant erhielt einen bird cage (Vogelkäfig) genannten Schutz rund um das 12,7-mm-Fla-MG. Bei den in Vietnam eingesetzten Sheridan wurde das FK-Lenksystem entfernt und die Fahrzeuge vor allem zur unmittelbaren Feuerunterstützung verwendet. Insbesondere ihre 152-mm-Flechet-Granaten (enthielten Tausende kleiner, pfeilförmiger Projektile) waren beim Einsatz gegen Truppen sehr gefürchtet. 1989 kamen zehn M551 der 82. Luftlandedivision im Rahmen der Operation Just Cause in Panama zum Einsatz und 1990 gehörten Sheridan der 82.Luftlandedivision zu den ersten gepanzerten Fahrzeugen, die in Saudi-Arabien eintrafen. Anfang 1991 gelang es M551 einige irakische Panzer mit Hilfe ihrer Shillelagh-FK zu zerstören – das erste und einzige Mal, dass diese im Gefecht eingesetzt wurde. Die 82. Luftlandedivision nutzte ihre M551 mangels einer Alternative noch bis 1996, alle anderen Sheridan waren zwischen 1978 und 1980 außer Dienst gestellt und zumeist eingelagert worden. Rund 300 unbewaffnete M551 wurden bis 2004 im Army National Training Center in Fort Irwin (Kalifornien) zur Feinddarstellung genutzt und dabei häufig so modifiziert, dass ihr Äußeres an sowjetische Kampffahrzeuge erinnerte.

M551 Sheridan, 3rd Squadron, 4th Cavalry, Vietnam, 31. August 1969. Man beachte den zusätzlichen Minenschutz am Wannenboden. (US DoD)

Ein Soldat der Co. A, 3rd Bn., 73rd Airborne Armor Regt., 82nd Airborne Div., kniet vor einem M551. Operation Desert Shield, Saudi-Arabien, 1990. (US DoD)

High Mobility Agilty Vehicle - HIMAG

Da HEAT- und KE-Geschosse Anfang der 1970er Jahre eine derartige Durchschlagskraft erreicht hatten, dass auch die schwerste Panzerung keinen absoluten Schutz mehr bot, initiierte die DARPA (Defence Advanced Research Projects Agency) 1975 ein Programm, in dessen Rahmen ein Versuchsfahrzeug entstehen sollte, dass sich zu seinem Schutz weniger auf seine Panzerung als auf seine Mobilität verließ. 1976 stiegen zudem das Tank Automotive Command (TACOM) und das USMC in dieses Programm ein, dass nun den Namen »Armored Combat Vehicle Technology« (ACVT) erhielt. Das als »High Mobility Agilty Vehicle« (HIMAG) bezeichnete Fahrzeug sollte über eine modernste FL- und Stabilisierungsanlage sowie eine 75-mm-Glattrohr-BK verfügen, die gegen Land- und Luftziele wirken konnte. Diese wurde extern lafettiert und erreichte mit einem Ladeautomaten eine Kadenz von 60 Schuss pro Minute. Die BK verwendete sogenannte Teleskop-Patronen. Dies sind Patronen, bei denen sich das Projektil vollständig innerhalb der Treibladung befindet, sodass diese weit weniger Platz einnimmt als konventionelle Munition. Richtschütze und Kommandant fanden ihre Plätze innerhalb der Wanne links und rechts unterhalb der Hauptwaffe. Die Erprobung des HIMAG war in zwei Phasen unterteilt. In der ersten Phase sollten allein Geschwindigkeit

HIMAG-A mit 75-mm-BK und dem ursprünglichen Laufwerk mit fünf Laufrollen. (NARA)

und Wendigkeit des Fahrgestells getestet werden, während im zweiten Teil das komplette Fahrzeug inklusive Waffen- und Elektroniksystemen erprobt werden sollte. Insgesamt entstanden nur zwei Versuchsträger (HIMAG-A und -B). Die Arbeiten am HIMAG-A liefen im März 1976 an und im Februar 1978 wurde die Wanne zur Erprobung nach Fort Knox verbracht. Den Antrieb übernahm ein Continental Dieselmotor des Typs AVCR-1360, der 1500 PS leisten konnte. Das Laufwerk war hydropneumatisch und erlaubte es, Front oder Heck, bzw. das gesamte Fahrzeug abzusenken oder seitlich zu kippen. Der erste vollständige HIMAG-A wurde zwischen März und September 1980 auf dem Aberdeen Proving Ground und im Anschluss daran bis März 1981 in Fort Knox erprobt. Dabei erhielt das Fahrzeug eine zusätzliche Laufrolle pro Seite und es zeigte sich, dass das hydropneumatische Laufwerk nicht nur die Mobilität verbesserte, sondern auch die Haltbarkeit der Laufrollen und Ketten erhöhte.
Der HIMAG-B diente der Überprüfung diverser Besatzungsanordnungen sowie ergonomischer Faktoren und wurde ab 1977 in Fort Knox erprobt.
Da HIMAG-A und -B reine Versuchsfahrzeuge waren, kamen sie über die Testphase nicht hinaus.

Typ	Versuchsträger
Hersteller	National Water Lift Company
Gefechtsgewicht (kg)	40.800
Länge (mm)	6658 (Wanne), 8683 (mit Rohr)
Breite (mm)	3810
Höhe (mm)	3283
Motor	Continental AVCR-1360, V12-Dieselmotor
Leistung (kW/PS)	1103/1500
Leistungsgewicht (PS/t)	36,76
Höchstgeschwindigkeit (km/h)	99 (Straße)
Kraftstoffvorrat (l)	k.A
Fahrbereich (km)	k.A
Besatzung	3
Bewaffnung	1 x 75-mm-Glattrohr-BK ARES XM274
Kampfsatz	k.A
Panzerung	k.A
Furttiefe	1,22 m

HIMAG-A war ein reines Testfahrzeug, mit dem erprobt werden sollte, wie sich hohe Beweglichkeit auf die Überlebensfähigkeit auf dem Gefechtsfeld auswirkt. (NARA)

High Survivability Test Vehicle - Light Weigt (HSTV-L)

Ein weiteres Fahrzeug das im Rahmen des ACVT-Programms entstand (siehe HIMAG, S. 23), war das »High Survivability Test Vehicle – Light Weigt« (HSTV-L). Aircraft Armaments Inc. (AAI) fertigte ab Anfang 1977 Studien für einen leichten Panzer an, der über eine 75-mm-Glattrohr-BK in einem extrem flachen Turm verfügte. Im Turm befand sich neben der BK und einem koaxialen 7,62-mm-MG nur der Kommandant sowie ein Ladeautomat mit 60-Schuss-Magazin. Um auch gegen Luftziele wirken zu können, betrug der Richtbereich der Hauptwaffe bis zu +45°. Die anderen beiden Besatzungsmitglieder saßen vorn in der Wanne (Fahrer links und Schütze rechts) und waren beide fähig, den Panzer zu steuern. Zudem waren alle drei Besatzungsmitglieder in der Lage, die BK abzufeuern. Die digitale FL-Anlage wurde durch einen Laser-EM sowie ein WBG ergänzt. Das HSTV-L verfügte über eine hydropneumatische Federung und wurde von einer Gasturbine angetrieben, die auf ein automatisches Getriebe wirkte und das vollständig aus Aluminium konstruierte Fahrzeug auf bis zu 83 km/h beschleunigte. Das HSTV-L wurde 1980 fertiggestellt und war nur als Versuchsträger gedacht, daher erfolgte keine weitere Fertigung.

Typ	Versuchsträger
Hersteller	Aircraft Armaments Inc. (AAI)
Gefechtsgewicht (kg)	20.450
Länge (mm)	5918 (Wanne), 8528 (mit Rohr)
Breite (mm)	2794
Höhe (mm)	2414 (über alles), 1994 (Oberkante Turm)
Motor	Avco-Lycoming 650, Gasturbine
Leistung (kW/PS)	478/650
Leistungsgewicht (PS/t)	31,78
Höchstgeschwindigkeit (km/h)	83 (Straße)
Kraftstoffvorrat (l)	409
Fahrbereich (km)	160 (Straße)
Besatzung	3
Bewaffnung	1 x 75-mm-Glattrohr-BK ARES XM274, 1 x 7,62-mm-MG koaxial, 1 x 7,62-mm-Fla-MG
Kampfsatz	60 x 75 mm, 3200 x 7,62 mm
Panzerung	Aluminium, max. 75 mm
Furttiefe	1,0 m

Die 75-mm-ARES-BK des HSTV(L) sollte auch gegen Luftziele wirken können. (AAI)

Rapid Deployment Force Light Tank (RDF/LT)

Basierend auf dem HSTV-L baute AAI 1980 einen als Rapid Deployment Force Light Tank (RDF/LT) bezeichneten Prototypen, von dem zu jener Zeit gehofft wurde, dass er sowohl die Anforderungen der Army als auch des Marine Corps für einen leichten Panzer erfüllen würde. Wie der HSTV-L war auch dieses Fahrzeug mit der 75-mm-ARES-BK und einem koaxialen 7,62-mm-MG sowie einem Ladeautomaten ausgestattet. Mit einem Höhenrichtbereich von bis zu +40° sollten diese Waffen auch gegen Luftziele wirken können. Der Kommandant war im Turm untergebracht, während Richtschütze und Fahrer vorn rechts, bzw. links in der Wanne saßen. Die BK war voll stabilisiert, hinzu kamen ein digitales FL-System, Laser-EM und Wärmebildgerät. Der Panzer war aus Aluminium gefertigt und besaß ein Gefechtsgewicht von nur 13,4 t, um den Anforderungen des USMC zu genügen, das ein Fahrzeug von max. 14,5 t forderte, damit es von Sikorsky CH-53 Helikoptern befördert werden konnte. Mit einer optionalen Zusatzpanzerung aus Stahl stieg das Gewicht auf eben diesen Wert. Anstelle der Gasturbine des HSTV-L übernahm ein 350-PS-Diesel den Antrieb und ein konventionelles Drehstablaufwerk ersetzte das zuvor verwendete hydropneumatische. Der Turm konnte zudem gegen eine extern lafettierte 75-mm-BK ausgetauscht werden, die Besatzung verringerte sich dann auf zwei Mann. Als weitere Option konnten in dieser Konfiguration zwei externe Behälter mit bis zu acht Luft-Boden-Lenkwaffen installiert werden. Da die Ares-Waffe nicht exportiert werden durfte, entwarf AAI für den Exportmarkt zusätzlich einen neuen Turm mit der 76-mm-BK M32 des M41, für die verbesserte Munition entwickelt worden war. Da nun der Ladeautomat ent-

Die Exportversion des RDF war mit der 76-mm-BK des M41 in einem Zwei-Mann-Turm ausgerüstet, da die 75-mm-ARES-BK nicht ausgeführt werden durfte. (NARA)

fiel, zog der Schütze in den Turm um. 1982 wurde das Programm jedoch beendet, da das USMC sich für Radpanzer des Typs LAV-25 entschied und die Army ein besser geschütztes Fahrzeug mit stärkerer Bewaffnung suchte.

Typ	Leichter Kampfpanzer Prototyp
Hersteller	AAI
Gefechtsgewicht (kg)	13.426 (14.515 mit Zusatzpanzerung)
Länge (mm)	5569 (Wanne), 8236 (mit Rohr)
Breite (mm)	2540
Höhe (mm)	2286
Motor	GM 6V53T, 6-Zylinder-Dieselmotor
Leistung (kW/PS)	257/350
Leistungsgewicht (PS/t)	26,07
Höchstgeschwindigkeit (km/h)	64 (Straße)
Kraftstoffvorrat (l)	378
Fahrbereich (km)	500 (Straße)
Besatzung	3
Bewaffnung	1 x 75-mm-Glattrohr-BK ARES XM274, 1 x 7,62-mm-MG M240 koaxial
Kampfsatz	60 x 75 mm, 2600 x 7,62 mm
Panzerung	Aluminium, optionale Zusatzpanzerung aus Stahl
Furttiefe	1 m

Der Turm des RDF/LT konnte auch gegen eine externe 75-mm-BK und zwei Behälter mit bis zu acht Luft-Boden-Lenkwaffen ausgetauscht werden. (NARA)

Der RDF/LT war eine Weiterentwicklung des HSTV(L) und kam nicht über die Testphase hinaus. (AAI)

XM800 Tracked Reconnaisance Vehicle

Am 15. Oktober 1971 veröffentlichte die US Army eine Ausschreibung für ein neues Aufklärungsfahrzeug, auf die sechs Vorschläge der Industrie eingingen. Am 23. Mai 1972 erhielten schließlich Lockheed und FMC den Zuschlag zum Bau von je vier Prototypen. Während Lockheed einen 6x6 Radpanzer entworfen hatte, war der FMC-Vorschlag im Grunde ein leichter Panzer mit Zwei-Mann-Drehturm und Kettenlaufwerk. Der Fahrer saß vorn in der Mitte der Wanne, der Antriebsstrang war im Heck untergebracht. Der XM800 verfügte über alle Systeme eines modernen Pamzers seiner Zeit, z. B. Laser-EM, Restlichtverstärker, ABC-Schutz- und Explosionsunterdrückungsanlage sowie ein Strahlungsmessgerät. Das Fahrzeug war schwimmfähig. Vor Eintritt ins Wasser wurde am Bug ein Schwallbrett aufgerichtet. Die 20-mm-MK konnte von -20° bis +65 gerichtet werden und damit auch Luftziele bekämpfen. Die vier Prototypen des MX800 wurden 1974 erprobt, zu einer Serienherstellung kam es jedoch nicht, da sich der Typ in der Aufklärungsrolle als nur wenig besser als umgerüstete M113 erwies, die reichlich verfügbar und billiger waren.

Typ	Spähpanzer Prototyp
Hersteller	Food Machinery Corporation (FMC)
Gefechtsgewicht (kg)	8618
Länge (mm)	4673 (Wanne)
Breite (mm)	2438
Höhe (mm)	2399 (mit Fla-MG)
Motor	Detroit Diesel 6V53AT, V6-Dieselmotor
Leistung (kW/PS)	208/280
Leistungsgewicht (PS/t)	32,49 PS/t
Höchstgeschwindigkeit (km/h)	88 (Straße), 7,2 (Wasser)
Kraftstoffvorrat (l)	397
Fahrbereich (km)	720
Besatzung	3
Bewaffnung	1 x 20-mm-MK M139, 1 x 7,62-mm-Fla-MG M60D
Kampfsatz	500 x 20 mm, 2000 x 7,62 mm
Panzerung	Aluminium
Furttiefe	schwimmfähig

Der XM800 war ein von seiner Konzeption her klassischer leichter Panzer für die Aufklärung. (FMC)

Einziger Kunde des Stingray I war Thailand, das 106 Exemplare beschaffte. (Textron Marine & Land Systems)

Stingray

1983 begann Cadillac Gage (heute Textron Marine & Land Systems) mit der Entwicklung eines für den Export gedachten leichten Panzers, dessen Prototyp erstmals im Oktober 1984 der Öffentlichkeit vorgestellt wurde. Die Auslegung des Stingray (Stachelrochen) genannten Fahrzeugs ist konventionell, d. h. der Fahrer sitzt vorn, mittig befindet sich der 3-Mann-Turm mit einer 105-mm-Zugrohr-BK, Motor und Getriebe liegen im Heck. Die Stahlpanzerung des *Stingray* schützt frontal bis zum Kaliber 14,5 mm, ansonsten widersteht sie Treffern von 7,62-mm-Munition. Das Fahrwerk verfügt über sechs drehstabgefederte Laufrollen und verwendet zahlreiche Komponenten des Laufwerks der Panzerhaubitze M109. Die Konstrukteure haben darauf Wert gelegt, möglichst viele erprobte Bauteile zu verwenden. So treibt der Dieselmotor des Typs 8V92TA u. a. auch Boote und einige schwere Lkw der US-Streitkräfte an. Der Motor ist platzsparend quer eingebaut und seine IR-Signatur so gering wie möglich gehalten. Die BK ist eine modifizierte Version der britischen L7 (wie sie auch im Leopard 1 und dem M60 zu finden ist) mit geringerem Rückstoß, welche NATO-Standardmunition verschießt. Die Waffe verfügt über eine Mündungsbremse, eine Wärmeschutzhülle, einen Rauchabsauger sowie eine Feldjustieranlage. Je nach Kassenlage und Wünschen des Kunden sind zahlreiche Ausstattungsvarianten für den Stingray möglich. Neben diversen passiven Nachtsichtsystemen für Fahrer, Richtschütze und Kommandant gehören dazu WBG, Laser-EM, unterschiedlich anspruchsvolle digitale FL- und KommunikationsAnlagen, ABC-Schutz-, Explosionsunterdrückungs- und Navigationssysteme. Des Weiteren kann passive Zusatzpanzerung installiert werden. Einziger Kunde des Stingray ist Thailand, das 1987 106 Fahrzeuge orderte, die zwischen 1988 und 1990 ausgeliefert wurden und noch heute

Der Stingray II verfügt über eine verstärkte Panzerung und ein verbessertes FL-System. (Textron Marine & Land Systems)

in Dienst stehen. Als die US Army Ende der 1980er Jahre einen Nachfolger für den M551 suchte, verlor der Stingray gegen die Konstruktion von FMC.

Ende 1996 wurde der Prototyp des Stingray II vorgestellt, der über eine verbesserte Panzerung verfügt, die nun frontal Treffern aus 23-mm-Waffen widersteht und an anderen Stellen gegen Feuer aus schweren MG schützt. Zudem wurden Kettenblenden eingeführt. In dieser Grundschutzstufe wiegt der Panzer 22.220 kg, wird eine Zusatzpanzerung installiert, die auch gegen Panzerabwehrwaffen wie die RPG-7 Schutz bietet, erhöht sich das Gewicht auf 26.308 kg. Der Stingray II ist serienmäßig mit der FL-Anlage des M1A1 Abrams, einem WBG, verbesserten Optiken und einem modifizierten Laufwerk ausgerüstet. Optional können zudem breitere Ketten und eine ABC-Schutz-, ein Laserwarnsowie ein GPS-Navigationssystem installiert werden. Der Stingray II hat bisher jedoch keine Kunden gefunden.

Daten für Stingray I

Typ	Leichter Kampfpanzer
Hersteller	Cadillac Gage (heute Textron Marine & Land Systems)
Gefechtsgewicht (kg)	21.205
Länge (mm)	6448 (Wanne) 9300 (mit Rohr)
Breite (mm)	2710
Höhe (mm)	2550
Motor	Detroit Diesel 8V92TA, V8-Dieselmotor
Leistung (kW/PS)	393/535
Leistungsgewicht (PS/t)	25,9
Höchstgeschwindigkeit (km/h)	68 (Straße)
Kraftstoffvorrat (l)	757
Fahrbereich (km)	480
Besatzung	4
Bewaffnung	1 x 105-mm-L7A3-Zugrohr-BK L/51 1 x 7,62-mm-MG M240 koaxial, 1 x 7,62-mm- oder 12,7-mm-Fla-MG, 2 x 4 Nebelwurfbecher
Panzerung	Panzerstahl
Furttiefe	1,07 m

Expeditionary Tank

Bereits Ende der 1970er Jahre wurden bei Teledyne Vehicle Systems diverse Studien für ein leichtes Kampffahrzeug angefertigt, das vielfältig eingesetzt werden sollte. Der Bau eines Prototypen wurde schließlich 1982 beschlossen und die Wanne Ende 1983 fertiggestellt. Der als Expeditionary Tank bezeichnete Panzer war unkonventionell konstruiert und wies zahlreiche Innovationen auf. Die Besatzung des 19.050 kg schweren Panzers bestand aus drei Mann. Der Fahrer saß links vorn, Kommandant und Richtschütze unterhalb der 105-mm-Zugrohr-BK M35. Diese befand sich zusammen mit einem 7,62-mm-MG extern in einer Scheitellaftette und wurde mittels eines Ladeautomaten mit Munition versorgt. Um den Schutz der Besatzung bei Frontaltreffern zu erhöhen, waren Antriebsstrang sowie die Dieseltanks vorn untergebracht. Zudem war die Mannschaft vollständig von einer gepanzerten Kapsel umgeben. Der Ladeautomat verfügte über 29 Schuss, weitere 13 Schuss wurden separat in der Wanne mitgeführt. Die BK war voll stabilisiert und verfügte über ein digitales FL-System mit Laser-EM sowie WBG. Anstelle der 105-mm-BK konnte auch eine 120-mm-Waffe installiert, bzw. seitlich der 105-mm-Kanone Behälter mit bis zu acht

Daten für den AGS-Prototyp

Typ	Leichter Kampfpanzer Prototyp
Hersteller	Teledyne Vehicle Systems (später General Dynamics Land Systems)
Gefechtsgewicht (kg)	16.783
Länge (mm)	6223 (Wanne) 7290 (mit Rohr)
Breite (mm)	2692
Höhe (mm)	2540
Motor	Cummins VTA-903T, V8-Dieselmotor
Leistung (kW/PS)	364/495
Leistungsgewicht (PS/t)	29,5
Höchstgeschwindigkeit (km/h)	80 (Straße)
Kraftstoffvorrat (l)	643
Fahrbereich (km)	480
Besatzung	3
Bewaffnung	105-mm-Zugrohr-BK M35 L/53, 1 x 7,62-mm-MG M240 koaxial, 1 x 7,62-mm-Fla-MG M240 optional
Panzerung	Panzerstahl, optionale Zusatzpanzerung aus Verbundmaterial
Furttiefe	1,21 m

Dieses Bild macht die geringe Höhe des Expeditionary Tanks, bzw. des AGS deutlich. (GDLS)

Herstellerfoto des AGS-Prototyps. (GDLS)

Lenkflugkörpern angebracht werden. Wanne und Laufwerk wurden ab Oktober 1984 getestet, das vollständige Fahrzeug nahm seine Erprobung im April 1985 auf und wurde im Mai jenen Jahres in Fort Knox den US-Streitkräften präsentiert.

Für das im Juni 1987 begonnene Programm der US Army, die einen neuen leichten Panzer suchte (Armored Gun System, AGS- Gepanzertes Geschützsystem) stellte Teledyne Vehicle Systems (bzw. nun General Dynamics Land Systems) eine modifizierte und leichtere Version des Fahrzeugs vor, welche unter der Bezeichnung AGS firmierte. Um die Vorgaben für ein Absetzten per Fallschirm zu erfüllen, konnte durch eine reduzierte Munitions- und Treibstoffmenge ein Gewicht von nur 16.103 kg erreicht werden. Mit vollständiger Munitions- und Treibstoffmenge lag das Gefechtsgewicht bei 16.783 kg. Je nach dem, welche Zusatzpanzerung angebracht wurde, stieg das Gewicht auf 19.405 kg bis 22.226 kg an. Obwohl dieses Fahrzeug (wie auch bereits der ursprüngliche Expeditionary Tank) eine Reihe von Tests erfolgreich absolvierte und für sein Gewicht ein hohes Maß an Schutz gewährte, wurde am 14. Juni 1992 doch der FMC Entwurf (siehe S. 33 XM8) zum Sieger des AGS-Wettbewerbs erklärt.

XM8 Armored Gun System

1985 stellte FMC einen leichten Panzer mit 105-mm-Zugrohr BK M68A1, Ladeautomaten, Drehtstablaufwerk und drei Mann Besatzung vor, der primär für den Export vorgesehen war. Das als CCV-L (Close Combat Vehicle Light) bezeichnete Fahrzeug bestand aus Aluminium, war an der Front und den Seiten jedoch mit einer zusätzlichen Schottpanzerung aus Stahl versehen. Das CCV-L wog 19.504 kg und wurde von einem GM 6V92TA Diesel mit 580 PS angetrieben, der eine Geschwindigkeit von bis zu 69 km/h ermöglichte. Die Reichweite mit 568 l Triebstoff betrug rund 480 km. Unter der Bezeichnung VFM 5 entstand 1986 in Kooperation mit dem britischen Rüstungskonzern Vickers ein vereinfachter Prototyp ohne Ladeautomat, der aber ebenfalls keine Exportaufträge erringen konnte. Als die US Army ab Ende der 1980er Jahre jedoch einen neuen Panzer für die Luftlandetruppe als Nachfolger des M551 Sheridan suchte, wurde der CCV-L Mitte 1992 zum Sieger erklärt. FMC erhielt den Auftrag zum Bau von sechs Prototypen, die bis Ende 1994 ausgeliefert wurden. Allerdings war der Begriff »leichter Panzer« bei den verantwortlichen Stellen nicht gern gesehen, weshalb

Der XM8 in der Schutzstufe Level I. (US Army)

das Fahrzeug als XM8 Armored Gun System (Gepanzertes Geschützsystem) bezeichnet wurde. Der XM8 unterschied sich in einigen Punkten vom CCV-L. Wanne und Turm bestanden aus Aluminium und Titan, an gefährdeten Stellen wurden zusätzlich in Kevlar eingebettete Keramikkacheln angebracht. Das Fahrzeug wog in dieser Form (Level I) 18.052 kg und war gegen 12,7-mm-Beschuss und Splitter geschützt. Je nach Bedrohungsstufe konnten weitere Panzerungselemente angebracht werden. Wurde das Level-II-Paket installiert, betrug das Gesamtgewicht 20.082 kg. Das Level-III-Paket (25.586 kg) schützte gegen den Beschuss durch leichte Panzerabwehrwaffen. Eine C-130 Hercules konnte den XM8 in der Level-I-Konfiguration an Bord nehmen und per Fallschirm absetzen, während Level II zwar transportiert, aber nicht per Fallschirm abgeworfen werden konnte. Für Level III waren größere Transport-

Der XM8 in der Schutzstufe Level III. (US Army)

maschinen (C-17 oder C-5) notwendig. Der XM8 nutzte eine Reihe bereits eingeführter Baugruppen. So basierte der Motor auf jenem des 8x8 10-t-LKW M977, das Getriebe stammte aus dem Spz M2 Bradley, Laser-EM, Optiken, WBG und Windsensor fanden sich auch im M1A1 Abrams, während die FL-Anlage ursprünglich für den britischen Challenger II entwickelt worden war. Die Hauptwaffe war eine neu entwickelte 105-mm-Zugrohr-BK mit Ladeautomat, die NATO-Standardmunition verschoss. Der Ladeautomat befand sich links im Turm, während rechts – durch ein Panzerschott getrennt – Kommandant und Richtschütze Platz fanden. Der im Heck des Turms befindliche Munitionsbunker mit 21 Schuss (9 weitere wurden im Kampfraum mitgeführt) verfügte wie beim M1 Abrams über blow-out-panels. Motor und Getriebe waren über eine hydraulisch zu öffnende Heckklappe

Typ	Leichter Kampfpanzer Prototyp
Hersteller	FMC (später United Defence, heute Teil von BAE Systems)
Gefechtsgewicht (kg)	18.052 (Level I)
Länge (mm)	6100 (Wanne) 9180 (mit Rohr)
Breite (mm)	2690 (Level I)
Höhe (mm)	2380 (Oberkante Turm)
Motor	Detroit Diesel 6V92TA, V6-Dieselmotor
Leistung (kW/PS)	427/580
Leistungsgewicht (PS/t)	32,13 (Level I)
Höchstgeschwindigkeit (km/h)	80 (Straße)
Kraftstoffvorrat (l)	568
Fahrbereich (km)	480
Besatzung	3
Bewaffnung	105-mm-Zugrohr-BK M35 L/53, 1 x 7,62-mm-MG M240 koaxial, 1 x 12,7-mm-Fla-MG M2HB, 2 x 8 Nebelwurfbecher
Panzerung	Aluminium, Titan und Verbundpanzerung (siehe Text)
Furttiefe	1,02 m

(die zugleich als Arbeitsbühne diente) zugänglich und konnten rasch ausgewechselt werden. Im Oktober 1995 orderte das Pentagon 237 Fahrzeuge. Allerdings wurde dieser Vertrag bereits im Februar 1996 aus finanziellen Gründen wieder storniert. Bemühungen den XM8 Exportkunden anzubieten, scheiterten. 2004 bat die 82. Luftlandedivision darum, vier der bereits ausgelieferten XM8 zu erhalten, man spekulierte über einen möglichen Einsatz im Irak, doch das Pentagon widerrief schließlich seine Erlaubnis.

Im September 2006 stellte United Defence eine überarbeitete Version (»Thunderbolt 120 mm«) vor, die neben einer 120-mm-BK XM291 mit Ladeautomat über ein neues digitales FL-System, einen Hybrid-Antrieb und verbesserte Panzerung verfügte. Trotz dieser Modifikationen blieb die Fähigkeit, den Panzer per Fallschirm abzusetzen, erhalten. Aufträge blieben jedoch bisher aus.

Ende 2013 wurde bekannt, dass die US Army sich erneut auf die Suche nach einem Fahrzeug zur Feuerunterstützung für Luftlandetruppen gemacht hat und dieses Mal nach einer am Markt verfügbaren Lösung sucht.

Das CCVL war der Vorläufer des XM8. (United Defence)

Griffin Technology Demonstrator

Aufgrund des neu bekundeten Interesses der US Army an einem leichten Panzer stellte General Dynamics Land Systems (GDLS) im Oktober 2016 ein als Griffin Technology Demonstrator bezeichnetes Fahrzeug vor. Der Griffin (Greif) basiert auf der Wanne des ebenfalls von GDLS gebauten Scout des britischen Heeres. Der Scout (siehe Typenkompass Leichte Panzer und Jagdpanzer) wiederum ist eine Weiterentwicklung des ASCOD-Infanteriekampffahrzeuges (in Österreich als Ulan und Spanien als Pizarro eingeführt). Der Turm entspricht in seiner inneren Auslegung praktisch dem des M1A2SEPV2, während als Waffe die 120-mm-Glattrohr-BK XM360 des Mounted Combat Systems XM1202 (siehe S. 112), bzw. nach Wunsch auch andere 105-mm- oder 120-mm-Waffen vorgesehen sind. Die Besatzung des Griffin besteht aus vier Mann, auf einen Ladeautomaten wurde verzichtet. In seiner im Oktober 2016 gezeigten Form soll der Panzer ca. 27 t wiegen. GDLS gibt jedoch an, dass weitere modulare Panzerungselemente sowie ein abstandsaktive Hard/Soft-Kill-System installiert werden können, um das Schutzniveau zu erhöhen. Spekulationen zufolge könnte die Wanne oder Teile der Wanne aus verstärktem GFK bestehen. Wie alle Fahrzeuge der ASCOD-Familie dürfte auch der Griffin über einen MTU-Motor, ein Renk-Getriebe sowie Ketten von DST (ehemals Diehl) verfügen. GDLS gibt an, von der Konzeption bis zur Fertigstellung des Prototypen nur fünf Monate gebraucht zu haben. Die Tatsache, dass nur bewährte, bereits verfügbare Komponenten verbaut wurden, minimiert das Entwicklungsrisiko sowie die Entwicklungsdauer und -kosten. Für die in diesem Bereich leidgeprüften US-Streitkräfte ein gewichtiges Argument.

Der Griffin Technology Demonstrator auf der AUSA Oktober 2016, Washington D.C, USA. (GDLS)

Medium Tank M26A1 Pershing

Zur Entstehungsgeschichte des M26 Pershing siehe Typenkompass Kampfpanzer der USA 1917 – 1945.
Im Mai 1946 wurde der M26 zu einem mittleren Panzer (Medium Tank) umklassifiziert. Im Einsatz hatte sich der M26 als untermotorisiert erwiesen, da sein 500-PS-Motor ursprünglich für den rund 10 t leichteren M4 Sherman entworfen worden war. Auch das Getriebe galt als unzuverlässig, zudem erlaubte es keine 360°-Drehungen auf der Stelle. Ab 1949 wurden daher M26 u. a. mit neuen Motoren und Getrieben sowie einer verbesserten 90-mm-BK M3A1 ausgerüstet, ihre Bezeichnung änderte sich dann zu M46 (siehe dort). Da die Mittel nicht für die Modifikation aller vorhandenen Fahrzeuge ausreichten, wurden in zahlreiche M26 nur die 90-mm-BK M3A1 mit Rauchabsauger eingebaut, ihre Bezeichnung lautete dann M26A1. Ein auf dem M26 basierender Bergepanzer sowie eine 240-mm-Selbstfahrlafette kamen über das Versuchsstadium nicht hinaus.
Ab Mitte 1950 wurden 309 M26 und M26A1 nach Korea verlegt, wo sie sich den nordkoreanischen und chinesischen T-34/85 als klar überlegen erwiesen. Aufgrund der Probleme mit Motor und Getriebe wurden die M26 jedoch ab 1951 durch M46 ersetzt. Die in Deutschland stationierten M26 wurden ab 1952 durch M47 abgelöst. Größter Nutzer des *Pershing* in Europa war Belgien, das ab 1952 insgesamt 423 überzählige M26 und M26A1 erhielt, die bis Ende der 1960er Jahre im Einsatz blieben. Frankreich und Italien betrieben ebenfalls M26, allerdings in weitaus geringerer Zahl. Die französischen *Pershings* wurden recht rasch durch M47 ersetzt, während Italien seine M26 bis 1963 verwendete.

Daten für M26A1

Typ	Mittlerer Kampfpanzer M26A1
Hersteller	Grand Blanc Arsenal (Fisher), Detroit Tank Arsenal (Chrysler)
Gefechtsgewicht (kg)	42.000
Länge (mm)	6510 (Wanne), 8480 (mit Rohr)
Breite (mm)	3510
Höhe (mm)	2780
Motor	Ford GAF, V8-Ottomotor
Leistung (kW/PS)	368/500
Leistungsgewicht (PS/t)	11,9
Höchstgeschwindigkeit (km/h)	40 (Straße), 18 (Gelände)
Kraftstoffvorrat (l)	832
Fahrbereich (km)	160 (Straße)
Besatzung	5
Bewaffnung	1 x 90-mm-BK M3A1 L/53, 1 x 7,62-mm-MG M1919A4E1 koaxial, 1 x 7,62-mm-MG M1919A4E1 im Bug, 1 x 12,7-mm-M2HB-Fla-MG
Kampfsatz	70 x 90 mm, 550 x 12,7 mm, 5000 x 7,62 mm
Panzerung	Panzerstahl, 12,7 – 114 mm
Furttiefe	1,22 m

M26A1, 1st USMC Tank Battalion, Chosin Reservoir, Dezember 1950. Man beachte die Kettenblenden. (Oleg Halin)

Soldaten der 1st Marine Division vor einem M26A1 Pershing, Chosin Reservoir, Korea, Dezember 1950. (NARA)

Medium Tank M46 Patton

Da der M26 *Pershing* unter einem zu schwachen Triebwerk und einem unzuverlässigen Getriebe litt, begannen Anfang 1948 die Arbeiten an einer verbesserten Ausführung mit der Bezeichnung M26E2. Diese wurde nicht nur mit einem stärkeren Ottomotor des Typs AV-1790-1 (740 PS), sondern auch mit einem neuen CD-850-1 Crossdrive-Getriebe ausgerüstet. Das CD-850-1 diente nicht nur als Kraftübertragung, sondern auch als Steuerung und Bremse. Es erlaubte zudem endlich auch 360° Drehungen auf der Stelle. Der M26E2 wurde ab Mai 1948 auf dem Aberdeen Proving Ground (APG) erprobt. Da sich diese Kombination bewährte, wurden zehn als T40 bezeichnete Fahrzeuge in Auftrag gegeben, die weitere Änderungen aufwiesen. So wurde ein 810 PS leistender AV-1790-3 Motor und ein verbessertes CD-850-2 Getriebe verbaut, die 90-mm-BK M3 des M26 mit einem Rauchabsauger versehen (Bezeichnung daher M3A1), die Zieloptiken überarbeitet und das Abgassystem verändert. Der Auslass für die Motorabgase befand sich nun nicht mehr zentral im Wannenheck, sondern war nach rechts und links auf die hinteren Kettenabdeckungen verlegt worden. Aufgrund des neuen Getriebes musste das Treibrad nach oben versetzt wer-

Ein M46 des 6th Tank Battalion der US Army während des Koreakrieges. Um die angeblich abergläubischen chinesischen Soldaten zu erschrecken, waren die Panzer dieser Einheit als Tiger bemalt. (US Army)

Das zwölfte M46-Serienfahrzeug nach seiner Übernahme durch die US Army. (NARA)

den. Zwischen dem letzten Laufrad und dem Treibrad wurde ein Kettenspannrad installiert und die Lafette des Fla-MG vor die Kommandantenkuppel versetzt. Die Erprobung des T40 lief im August 1949 an und die ersten serienmäßig umgerüsteten M26 wurden im November jenes Jahres ausgeliefert. Ihnen wurde die Bezeichnung M46 Patton (nach General George S. Patton) zugeordnet. Insgesamt modifizierte das Detroit Arsenal 800 M26 zu M46 und 360 M26 zu M46A1 um. Der M46A1 besaß neben zahlreichen Detailänderungen einen verbesserten Motor (AV-1790-5B), ein CD-850-4 Getriebe sowie stärkere Bremsen sowie eine veränderte Motorkühl- und Elektroanlage.
Weder der M26 noch der M46 waren Anfang der 1950er Jahre noch zeitgemäß. Der einzige Kampfeinsatz des M46 erfolgte in Korea, wo der Typ ab August 1950 im Gefecht verwendet wurde. Dabei zeigte er sich, wie der M26, den gegnerischen T-34/85 weit überlegen. Durch Zulauf des M47 und M48 wurde der M46 bei den US Streitkräften rasch wieder ausgemustert. Army und USMC nutzen den M46 bis 1957. Eine kleine Zahl von M46 wurde auch an Belgien, Italien und Frankreich abgegeben.

Typ	Mittlerer Kampfpanzer M46
Hersteller	Detroit Arsenal (Chrysler)
Gefechtsgewicht (kg)	44.000
Länge (mm)	6510 (Wanne), 8480 (mit Rohr)
Breite (mm)	3510
Höhe (mm)	2780 (Oberkante Turm), 3180 (mit Fla-MG)
Motor	Continental AV-1790-5A V12-Ottomotor
Leistung (kW/PS)	596/810
Leistungsgewicht (PS/t)	18,41
Höchstgeschwindigkeit (km/h)	48 (Straße), 20 (Gelände)
Kraftstoffvorrat (l)	878
Fahrbereich (km)	130 (Straße)
Besatzung	5
Bewaffnung	1 x 90-mm-BK M3A1 L/53, 1 x 7,62-mm-MG M11919AE1 koaxial, 1 x 7,62-mm-MG M1919A4E1 im Bug, 1 x 12,7-mm-M2HB-Fla-MG
Kampfsatz	70 x 90 mm, 550 x 12,7 mm, 5500 x 7,62 mm
Panzerung	Panzerstahl, 12,7 – 114 mm
Furttiefe	1,22 m

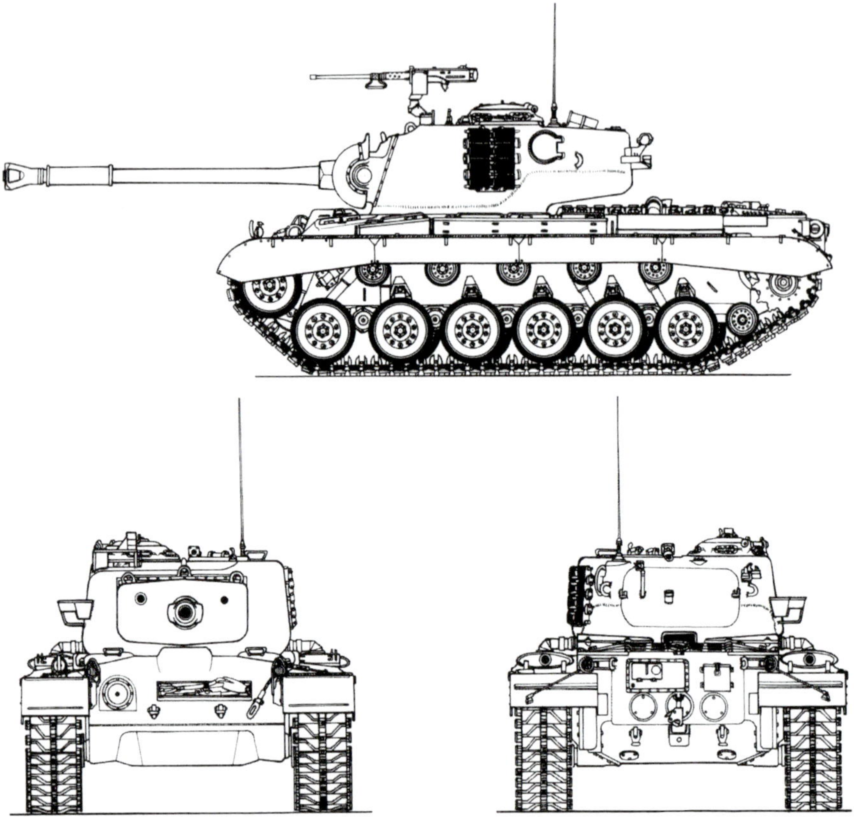

Drei-Seiten-Ansicht eines M46. (US Army)

Dieser M46 wurde am 24. Juni 2015 in Fort Indiantown Gap, Pennsylvania, USA aufgenommen. (Richard S. Eshleman)

Medium Tank T42

Aufgrund des beginnenden Kalten Krieges (Berlin Blockade) begann die US Armee im Sommer 1948 Überlegungen bezüglich eines neuen mittleren Kampfpanzers anzustellen. Im Dezember jenes Jahres schließlich wurde der Forderungskatalog für das als T42 bezeichnete Fahrzeug veröffentlicht. Es sollte rund 32,5 t wiegen und ähnlich bewaffnet, aber besser gepanzert sein als der gut 11 t schwerere T40/M46. Der Entwurf des T42 musste also sehr kompakt sein und basierte daher auf dem leichten T37/T41, erhielt jedoch eine stärkere Panzerung und einen neuen Turm mit einer 90-mm-BK. Diese BK war stabilisiert, hinzu kam ein stereoskopischer EM. An den hinteren Turmseiten befanden sich zwei Behälter mit je einem 7,62-mm-MG, ähnlich wie beim T37. Nach der Vorstellung eines lebensgroßen *mock-ups* im Herbst 1949 wurde jedoch entschieden, diese MG-Behälter fallen zu lassen. Zudem wurde nun die Installation der verbesserten 90-mm-BK T119 verlangt, die eine höhere Durchschlagsleistung als die M3A1 des M46 aufwies. Wie beim T37 war das Laufwerk drehstabgefedert und wies fünf Laufrollen auf. Da der T42 auch den Antriebsstrang des T37 beibehielt, wurden bald Sorgen darüber laut, ob der T42 nicht untermotorisiert sein könnte. Daraufhin wurde der erste T40 Prototyp mit dem Motor und Getriebe des T42 ausgerüstet und durch Entfernen des Turms auf das geplante Gewicht gebracht. Im Juni 1950 wurde dieses Fahrzeug auf dem APG zusammen mit einem M4A3 Sherman getestet, erzielte aber keine besseren Leistungen als dieser. Die Panzertruppe lehnte den T42 daher als untermotorisiert ab. Dennoch gab das Pentagon sechs T42-Prototypen in Auftrag, deren erster am 30. Dezember 1950 ausgeliefert wurde, jedoch schon bald bei einem Unfall ausbrannte. Die anderen fünf T42 wurden zwischen April 1951 und Dezember 1952 übergeben. Diese Panzer hatten einen verbesserten Antrieb erhalten und erreichten während der Erprobung die vorgegebenen Leistungswerte, dennoch war die Truppe nach wie vor nicht am T42 interessiert, da sich mittlerweile der T48 (der spätere M48) in der Entwicklung befand. Dennoch gingen die Tests mit dem T42 bis Herbst 1954 weiter und es wurde sogar erwogen, den Typ mit einer neuen Wanne mit elliptischem Querschnitt und einem neuen Laufwerk auszurüsten (Bezeichnung dann T87), dieses Vorhaben wurde jedoch nicht verwirklicht.

Typ	Mittlerer Kampfpanzer Prototyp
Hersteller	Detroit Arsenal
Gefechtsgewicht (kg)	33.793
Länge (mm)	5895 (ohne Rohr), 7993 (mit Rohr)
Breite (mm)	3576
Höhe (mm)	3208 (mit Fla-MG)
Motor	Continental AOS-895-3, 6-Zylinder-Ottomotor
Leistung (kW/PS)	368/500
Leistungsgewicht (PS/t)	14,8
Höchstgeschwindigkeit (km/h)	51,5 (Straße)
Kraftstoffvorrat (l)	549
Fahrbereich (km)	110
Besatzung	4
Bewaffnung	1x 90-mm-BK T119 L/50, 1 x 12,7-mm-MG M2E1 koaxial, 1 x 12,7-mm-Fla-MG M2HB
Kampfsatz	60 x 90 mm, 3050 x 12,7 mm
Panzerung	Panzerstahl, 12,7 mm – 102 mm
Furttiefe	1,22 m

Prototyp Nr. 3 des T42 während seiner Erprobung in Fort Knox. Das Fahrzeug erscheint auf den ersten Blick wie eine Kreuzung aus M41 (Laufwerk) und M47 (Turm). Prototyp Nr. 3 verfügte im Gegensatz zum ersten Pilotfahrzeug über eine zylindrische Mündungsbremse. (NARA)

90 mm Gun Tank T69

Da der T42 ursprünglich einen Ladeautomaten erhalten sollte, sich dies jedoch mit dem vorhandenen Turm als unmöglich erwiesen hatte, entwarf die Rheem Manufacturing Company einen zweiteiligen Wiegenturm (ähnlich jenem des französischen AMX-13). Dessen unterer Teil war konventionell auf die Wanne gesetzt und konnte um 360° gedreht werden. Der obere Teil war über zwei Lagerzapfen mit dem Unterteil verbunden und so in der Höhe schwenkbar. Dadurch ließen sich im oberen Teil recht einfach BK und Ladeautomat so installieren, dass sich das Verschlussstück der 90-mm-Waffe stets auf einer Linie mit der Munitionszuführung befand. Die Arbeiten an diesem Turm liefen im Mai 1951 an, ein erstes Exemplar wurde jedoch nicht vor Anfang 1955 fertig. Dieses wurde dann auf die Wanne des dritten T42-Prototypen gesetzt, der nun die Bezeichnung T69 erhielt. Da das Magazin des Ladeautomaten nur acht Schuss fasste, musste dieses manuell nachgeladen werden, weshalb beim T69 nicht auf einen Ladeschützen verzichtet werden konnte. Allerdings betrug die theoretische Feuergeschwindigkeit (je nach verwendeter Munitionsart) 18 – 33 Schuss pro Minute. Der T69 wurde zwischen Juni 1955 und April 1956 auf dem APG erprobt. Dabei erwies sich der Ladeautomat als extrem unzuverlässig, so dass das Projekt abgebrochen wurde.

Typ	Mittlerer Kampfpanzer Prototyp
Hersteller	Detroit Arsenal (Turm Rheem Manufacturing Company)
Gefechtsgewicht (kg)	34.473
Länge (mm)	5895 (ohne Rohr), 8224 (mit Rohr)
Breite (mm)	3576
Höhe (mm)	2868 (ohne Fla-MG)
Motor	Continental AOS-895-3, 6-Zylinder-Ottomotor 14.681 ccm
Leistung (kW/PS)	368/500
Leistungsgewicht (PS/t)	14,5
Höchstgeschwindigkeit (km/h)	51,5 (Straße)
Kraftstoffvorrat (l)	549
Fahrbereich (km)	110
Besatzung	4
Bewaffnung	1x 90-mm-BK T178 L/50, 1 x 7,62-mm-M1919A4E1-MG koaxial, 1 x 12,7-mm-Fla-MG M2HB
Kampfsatz	40 x 90 mm, 1000 x 12,7 mm, 3500 x 7,62 mm
Panzerung	12,7 mm – 147 mm
Furttiefe	1,22 m

Der T69 während seiner Erprobung auf dem APG im Sommer 1955. (NARA)

90 mm Gun Tank M47 Patton

Nach dem Ausbruch des Koreakrieges im Juni 1950 sahen sich die USA der Tatsache gegenüber, dass im Land keine Kampfpanzer mehr in Serie produziert wurden. In aller Eile wurde daher beschlossen, die leicht modifizierte Wanne des M46 mit dem Turm des T42 zu versehen, um so eine schnell verfügbare Übergangslösung zu erhalten. Ohne den Bau eines Prototypen abzuwarten, wurde bereits im Sommer 1950 die Produktion des M47 genehmigt. Ein Prototyp mit der Standardwanne eines M46 und dem Turm des T42 wurde ab März 1951 unter der Bezeichnung M46E1 auf dem APG erprobt. Die ersten M47-Serienfahrzeuge verließen im Juni 1951 die Hallen des Detroit Tank Arsenal. Bis November 1953 entstanden insgesamt 8576 M47 – kein schlechtes Ergebnis für eine Übergangslösung. Wanne und Laufwerk des M46 wurden nur leicht verändert. So wurde die obere Wannenfront stärker geneigt, um den Panzerschutz zu verbessern und die prominente, mittig zwischen Fahrer und MG-Schütze gelegene Ausbuchtung für das Rotoclone-Gebläse (erzeugte im Kampfraum einen leichten Überdruck, um Pulvergase zu entfernen) entfiel (das Gebläse fand sich nun im Turmheck). Hinzu kamen vergrößerte Auspufftöpfe auf den hinteren Kettenabdeckungen. Die Wanne bestand aus verschweißten Gussteilen. Der MG-Schütze und das Bug-MG wurden beibehalten, der M47 war damit der letzte US-Panzer, der dieses Merkmal aufwies. Der schmale und lange Turm (eine hinten am Turm befestigte Gepäckkiste verstärkte diesen Eindruck noch) war vollständig gegossen und bot frontal wesentlich weniger Querschnitts- und damit Zielfläche. Im ausladenden Turmheck waren Funkgeräte und das schon erwähnte Rotoclone-Lüftungsgebläse untergebracht. Während die Ursprünge der 90-mm-BK M3 des M26/46 noch bei der 90-mm-Flak M1 gelegen hatten, war die 90-mm-Zugrohr-BK M36 (T119E1) eine völlige Neuentwicklung. Die BK besaß zunächst eine zylindrische Mündungsbremse, die später durch eine T- bzw. leicht Y-förmige Version ersetzt wurde. Frühe M47 weisen ein 12,7-mm-koaxial-MG auf, das jedoch recht bald einer 7,62-mm-Waffe wich. Um die Trefferwahrscheinlichkeit auf größere Entfernungen zu erhöhen, war der M47 der weltweit erste Serienpanzer mit einem optischen Entfernungsmesser (EM). Die Ausblicke dieses EM sind beiderseits am oberen, vorderen Turm zu erkennen. Aufgrund von Entwicklungsproblemen mussten die ersten Fahrzeuge allerdings ohne EM ausgeliefert werden. Im Einsatz erwies sich der EM des Typs M12 allerdings als sehr komplex in der Bedienung und zudem recht

Ein früher M47 während seiner Erprobung in Fort Knox, Kentucky, USA. Der EM ist noch nicht installiert und die entsprechenden Öffnungen an den Turmseiten daher noch verschlossen. Zudem fehlen diesem Panzer die IR-Scheinwerfer späterer Exemplare. (US Army)

Ein später M47 nach seiner Übernahme durch die US Army, aufgenommen in Fort Knox. Dieses Fahrzeug verfügt über IR-Fahrscheinwerfer inklusive neuer Scheinwerfer-Schutzbügel und eine neue Lafette für das 12,7-mm-Fla-MG. (US Army)

Ein M47 des 143rd Tank Battalion, Vilseck, Deutschland 1952. (US ARMY)

störanfällig. Der M47 verfügte zunächst über keinerlei Nachtsichtausrüstung.
Neben der US Army nutzte auch das Marines Corps M47. Beide ersetzten diesen Typ jedoch rasch durch M48 oder M103. Spätestens Ende der 1950er Jahre waren alle M47 bei den US-Streitkräften ausgesondert oder eingelagert. Nicht wenige endeten als Hartziele. Varianten des M47 entstanden während seiner Produktionszeit nicht. Viele M47 wurden preiswert an verbündete

M47 Patton einer Schuleinheit der US Army, USA 1953. (Vincent Bourguiognon)

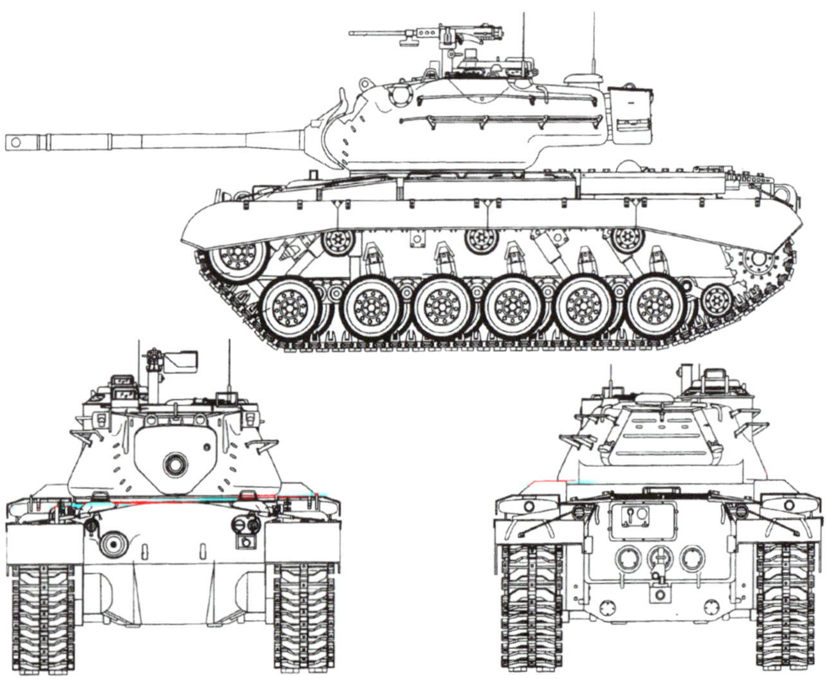

Drei-Seiten-Ansicht eines M47. (US Army)

Staaten abgegeben, insgesamt verwendeten über 20 Staaten Panzer dieses Typs. Die Bundeswehr erhielt ab 1956 1120 M47, die bis 1967 Dienst taten. Ab 1959 wurde bei den deutschen M47 der Fahrerplatz auf die rechte Wannenseite verlegt, somit entfielen das Bug-MG sowie der Platz des MG-Schützen/Funkers ganz. Der frei werdende Raum wurde zur Unterbringung zusätzlicher Munition genutzt. Zahlreiche M47 der Bundeswehr wurden später an NATO-Partner wie Griechenland oder die Türkei abgegeben. Österreich beschaffte ab Ende der 1950er Jahre 153 M47, von denen einige bis 1982 verwendet wurden. Bereits seit 1972 waren zahlreiche M47-Türme in österreichische Grenzbefestigungen eingebaut worden. Die Schweiz erprobte zwei M47, entschied sich dann aber zur Entwicklung eines eigenen Panzers. Weitere Hauptnutzer des Typs waren Italien (2480), Frankreich (856), Belgien (784), Spanien (389), Türkei (1374), Jugoslawien (319), Iran (ca. 400), Pakistan (ca. 230) und Südkorea (531). Aufgrund seiner weiten Verbreitung nahm der M47 an zahlreichen Auseinandersetzungen teil. So z. B. an den indisch-pakistanischen Kriegen 1965 und 1971, auf jordanischer Seite am Nahostkrieg 1967, dem iranisch-irakischen Krieg 1980–1988, an der türkischen Invasion Zyperns 1974 sowie den Jugoslawienkriegen der frühen 1990er Jahre.

Typ	Mittlerer Kampfpanzer
Hersteller	Detroit Arsenal (Chrysler), American Locomotive (Alco)
Gefechtsgewicht (kg)	46.170
Länge (mm)	6358 (Wanne), 8508 (mit Rohr)
Breite (mm)	3510
Höhe (mm)	2954 (Oberkante Turm), 3352 (mit Fla-MG)
Motor	Continental AV-1790-5B, V12-Ottomotor
Leistung (kW/PS)	596/810
Leistungsgewicht (PS/t)	17,54
Höchstgeschwindigkeit (km/h)	48 (Straße), 25 (Gelände)
Kraftstoffvorrat (l)	878
Fahrbereich (km)	120–130 (Straße), 50–60 (Gelände)
Besatzung	5
Bewaffnung	1 x 90-mm-BK M36 L/52,5, 1 x 7,62-mm-MG M1919A4E1 koaxial, 1 x 7,62-mm-MG M1919A4E1 im Bug, 1 x 12,7-mm-M2HB-Fla-MG
Kampfsatz	71 x 90 mm, 1700 x 12,7 mm, 11.150 x 7,62 mm
Panzerung	Panzerstahl, 12,7 mm – 114 mm
Furttiefe	1,22 m

M47 Patton im Museum Diekirch, Luxemburg, Februar 2010. (Alf van Beem)

90 mm Gun Tank M47M Patton

Hauptschwäche des M47 war sein überaus »durstiger« Ottomotor. Das Tank Automotive Command der US-Streitkräfte schlug 1968 daher die Modernisierung des M47 mit Komponenten des M60A1 vor. Basierend auf dieser Studie entwickelte die US-Firma BMY (Bowen-McLaughlin-York) 1969 die Variante M47M, die den Dieselmotor (AVDS-1790-2A), das CD-850-6A-Getriebe sowie die FL- und BK-Richtanlage des M60A1 erhielt. Der neue Motor führte zu einigen Änderungen im Heckbereich. Die Auspufftöpfe auf den hinteren Kettenabdeckungen verschwanden und wurden durch Luftfilter ersetzt, während die Abgasanlage mit ihren typischen Auslassgrätings sich nun wie beim M60 oder M48A3 im Wannenheck befand (»radiator grille«). Um Platz für die Ölwanne des Dieselmotors zu schaffen, wurde das letzte Laufrad um 97 mm nach hinten verlegt. Das Kettenspannrad entfiel und es wurden weitere Detailmodifikationen am Laufwerk vorgenommen. Zudem wurde, wie bei den deutschen M47, das Bug-MG und der Platz des Funkers/MG-Schützen entfernt und durch ein Gestell für 22 90-mm-Granaten ersetzt. Dies ermöglichte es, die Lagerung der restlichen Munition so zu verändern, dass diese besser zugänglich wurde und der Kampfsatz von 71 auf 79 Schuss anstieg. BMY errichtete 1970-1972 im Iran ein Werk, das alle 400 iranischen sowie 147

Werksaufnahme eines der ersten M47M, entstanden auf dem Gelände von BMY in York, Pennsylvania, USA. (BMY)

Heckansicht des selben Panzers wie auf S.50. Man beachte die neue Heckpartie. (BMY)

pakistanische M47 auf diese Art umrüstete. Rund 170 iranische M47M sind noch heute im Dienst und 2014 stellte der Iran eine als »Sabalan« bezeichnete Modernisierung mit neuem Turm und 105-mm-BK vor, der 2017 ein als »Tiam« bezeichnetes Modell mit dem modifizierten Turm des chinesischen Kampfpanzer Typ 59 (Kopie des T54) folgte. Auch Spanien ab 1976 rüstete seine M47 mit Dieselmotoren (AVDS-1790-2A) aus und entfernte das Bug-MG, diese Panzer erhielten die Bezeichnung M47E. 330 M47E wurden später zu M47E1 umgerüstet, die sich aber nur in Details wie neuen Heizungen für den Kampfraum unterschieden. 45 E1 wurden schließlich mit 105-mm-BK von Rheinmetall (Rh-105) versehen. Die letzten spanischen Kampfpanzer des Typs M47E2 wurden Mitte der 1990er Jahre ausgesondert. Im Betrieb sind jedoch noch 22 Bergepanzer (M47ER3) auf Basis des M47.

Typ	Mittlerer Kampfpanzer
Hersteller	Umrüstung durch Bowen-McLaughlin-York
Gefechtsgewicht (kg)	46.811
Länge (mm)	6269 (Wanne), 8555 (mit Rohr)
Breite (mm)	3510
Höhe (mm)	2954 (Oberkante Turm), 3352 (mit Fla-MG)
Motor	Continental AVDS-1790-2A, V12-Dieselmotor
Leistung (kW/PS)	552/750
Leistungsgewicht (PS/t)	16,02
Höchstgeschwindigkeit (km/h)	56 (Straße)
Kraftstoffvorrat (l)	1516
Fahrbereich (km)	595 (Straße)
Besatzung	4
Bewaffnung	1 x 90-mm-BK M36 L/52,5, 1 x 7,62-mm-MG M1919A4E1 koaxial, 1 x 12,7-mm-M2HB-Fla-MG
Kampfsatz	79 x 90 mm, 1700 x 12,7 mm, 11.150 x 7,62 mm
Panzerung	Panzerstahl, 12,7 mm – 114 mm
Furttiefe	1,22 m

90 mm Gun Tank M48 Patton

Da der M47 nur als Interimsmodell gedacht war, begannen bereits im Oktober 1950 erste Arbeiten an einem völlig neuen Kampfpanzer. Das Detroit Tank Arsenal baute sechs Prototypen (T48), von denen der Erste am 14.Dezember 1951 fertiggestellt wurde. Die Erprobung der sechs Prototypen dauerte bis Ende 1952 an, allerdings machte es die Weltlage (Koreakrieg) notwendig, dass der neue Panzer sobald wie möglich in Serienproduktion ging. Die Fertigung des noch immer als T48 bezeichneten Typs lief daher bereits im April 1952 in einer speziell dafür von Chrysler errichteten neuen Fabrik in Newark, Delaware an. Kurz darauf begannen auch Ford und Fisher mit dem Serienbau des Typs. Der T48 wurde am 1. Juli 1952 der Öffentlichkeit vorgestellt und am 2. April 1953 offiziell als »90 mm Gun Tank M48 Patton« bezeichnet. Der M48 folgte in seiner Auslegung dem M47, besaß jedoch nur noch eine 4-Mann-Besatzung, da das Bug-MG entfiel. Die Wanne und der abgerundete, an eine umgedrehte Schüssel erinnernde Turm waren gegossen. Das Drehstabfahrwerk verfügte über sechs Lauf- und fünf Stützrollen, das Treibrad saß hinten. Vom M47 übernahm der M48 den 810-PS-Ottomotor des Typs AV-1790 und ein nur leicht verändertes Cross-Drive-Getriebe. Auch die BK war im Grunde jene des M47, hatte jedoch ein rascher auswechselbares Rohr und erhielt daher die Bezeichnung M41. Wie beim M47 sind daher Zylinder-, T- oder leicht Y-förmige Mündungsbremsen anzutreffen. Die Sekundärbewaffnung bestand aus einem koaxialen 7,62-mm-MG sowie einem 12,7-mm-Fla-MG. Der M48 verfügte über einen optischen EM und einen analogen FL-Rechner, die sich im Einsatz beide als komplex und anfällig erwiesen. Die ersten M48 liefen der Truppe 1953 zu, darunter 120 reine Ausbildungsfahrzeuge aus Weichstahl (M48 C). Der Koreakrieg hatte zu einer überhasteten Entwicklung und unzureichender Erprobung geführt, weshalb sich die ersten M48 bald als unzuverlässige, ja gefährliche Fahrzeuge erwiesen. Neben Problemen mit dem Motor und dem Getriebe (dieses neigte anfänglich dazu, während der Vorwärtsfahrt plötzlich von selbst in den Rückwärtsgang zu schalten!), machten auch das Fahrwerk und die Ketten Schwierigkeiten. Die Truppe bemängelte zudem, den nach wie vor zu hohen Treibstoffverbrauch des AV-1790-Triebwerks, der zu einer Reichweite von nur 50 km (!) im Gelände führt.

Typ	Mittlerer Kampfpanzer
Hersteller	Detroit Arsenal, Chrysler, American Locomotive (Alco), Fisher Body Division (GM), Ford Motor Company
Gefechtsgewicht (kg)	44.900
Länge (mm)	6705 (Wanne), 8444 (mit Rohr)
Breite (mm)	3631
Höhe (mm)	3130 (Oberkante Kommandantenkuppel)
Motor	Continental AV-1790-5B, -7, -7B oder 7C, V12-Ottomotor
Leistung (kW/PS)	596/810
Leistungsgewicht (PS/t)	18,04
Höchstgeschwindigkeit (km/h)	42 (Straße)
Kraftstoffvorrat (l)	757
Fahrbereich (km)	110 (Straße), 50 (Gelände)
Besatzung	4
Bewaffnung	1 x 90-mm-BK M41 L/52,5, 1 x 7,62-mm-MG M1919A4E1 koaxial, 1 x 12,7-mm-M2HB-Fla-MG
Kampfsatz	60 x 90 mm, 500 x 12,7 mm, 5900 x 7,62 mm
Panzerung	Panzerstahl, 12,7–178 mm
Furttiefe	1,22 m ohne, 4,57 m mit Vorbereitung

Der T48-Prototyp mit der ursprünglichen Kommandantenkuppel. (US Army)

Fabrikneue M48 werden in der von Chryslor betriebenen Delaware Tank Plant im Rahmen einer Zeremonie im Jahre 1952 der US Army übergeben. (NARA)

90 mm Gun Tank M48A1

Die 1954 eingeführte Version M48A1 wies zahlreiche Detailverbesserungen auf, die sich aus der Erprobung des T48 und M48 ergeben hatten, und zeigte daher weniger mechanische Probleme. Äußerlich lässt sich die Variante A1 vom Basismodell durch eine neue Kommandantenkuppel unterscheiden, die fast wie ein kleiner Drehturm aussah und es erlaubte, das 12,7-mm-Fla-MG unter Panzerschutz zu laden, zu richten und abzufeuern – zugleich aber auch die Silhouette des Fahrzeugs beträchtlich erhöhte. Die Fahrerluke wurde vergrößert und konnte nun anstelle eines normalen Winkelspiegels mit einem IR-Sichtgerät bestückt werden, weshalb man zugleich IR-Fahrscheinwerfer installierte. Allerdings besaß auch der M48A1 immer noch einen unzureichenden Fahrbereich. Um diesen zu vergrößern, wurde daher am Wannenheck ein Gestell angebracht, auf dem vier 200-l-Benzinfässer mitgeführt werden konnten. Obwohl im Manöver und bei der Ausbildung zu jener Zeit nicht selten verwendet, lehnte die Truppe die Lösung für den Ernstfall ab. Insgesamt wurden 9375 M48, M48C und M48A1 gefertigt.

Typ	Mittlerer Kampfpanzer M48A1
Hersteller	Detroit Arsenal, Chrysler, American Locomotive (Alco), Fisher Body Division (GM), Ford Motor Company
Gefechtsgewicht (kg)	47.200
Länge (mm)	6870 (Wanne), 8729 (mit Rohr)
Breite (mm)	3631
Höhe (mm)	3241 (Oberkante Kommandantenkuppel)
Motor	Continental AV-1790-5B, -7, -7B oder 7C, V12-Ottomotor
Leistung (kW/PS)	596/810
Leistungsgewicht (PS/t)	17,16
Höchstgeschwindigkeit (km/h)	42 (Straße)
Kraftstoffvorrat (l)	757
Fahrbereich (km)	110 (Straße), 50 (Gelände)
Besatzung	4
Bewaffnung	1 x 90-mm-BK M41 L/52,5, 1 x 7,62-mm-MG M1919A4E1 koaxial, 1 x 12,7-mm-M2HB-Fla-MG
Kampfsatz	60 x 90 mm, 500 x 12,7 mm, 5900 x 7,62 mm
Panzerung	Panzerstahl, 12,7–178 mm
Furttiefe	1,22 m ohne, 4,57 m mit Vorbereitung

Reservisten der 103rd Infantry Division betanken während des Sommers 1961 in Camp McCoy (Wisconsin, USA) ihren M48A1. (US Army)

Seitenansicht eines M48A1. Man beachte die bei dieser Version eingeführte Kommandantenkuppel mit 12,7-mm-MG. (US Army)

Ein M48A1 der 4th Armored Division auf dem Truppenübungsplatz Grafenwöhr, Bayern im Juli 1959. Man beachte am Wannenheck das Gestell, auf dem vier 200-l-Benzinfässer mitgeführt werden konnten, um die Reichweite zu verbessern. (US Army)

Dieser M48A2C ist ein ehemaliges Bundeswehrfahrzeug des SichBtl 767. Mit US-Markierungen versehen, geht dieser Panzer ca. 1993 in ein Museum. (powidl, PD)

90 mm Gun Tank M48A2 und A2C

Um eine der Hauptschwächen des M48, die viel zu geringe Reichweite, zu beheben, besaß die ab 1956 gebaute Variante M48A2 einen vollständig umgestalteten Motorraum. Dieser erlaubte es rund 50% mehr Treibstoff mit zuführen. Dank des größeren Tankinhalts und eines überarbeiteten Ottomotors mit neuer Einspritzanlage verdoppelte sich die Reichweite. Die Wannenrückwand zeigte nun zwei aufklappbare Auspuffgrätings (»radiator grilles«), durch welche die Motorkühlluft und die Abgase ausströmten. Die zuvor erhebliche IR-Signatur des Panzers konnte reduziert werden, da nun die Motorkühlluft mit dem Abgasstrahl verwirbelt wurde. Zudem besaß diese Version nur noch drei Stützrollen. Ein kleiner Hilfsmotor diente zum Aufladen der Batterien oder dem Betrieb der Heizung. Nicht zuletzt wurden auch die FL- und die Turmsteuerungsanlage verbessert sowie mehr Munition mitgeführt. Die letzte Version des M48 mit Ottomotor war die Variante A2C, die anstatt des Raumbild-EM einen Mischbild-EM erhielt und eine Reihe von Detailänderungen aufwies, u. a. entfiel das Kettenspannrad. Insgesamt wurden 2328 M48A2 und A2C gebaut. Alle späteren Versionen waren Umbauten vorhandener Fahrzeuge, sodass bis 1959 insgesamt 11.703 M48 entstanden.
Der M48 wurde aber nicht nur von den US-Streitkräften, sondern auch von zahlreichen weiteren Armeen und Milizen eingesetzt, teils bis heute. Insgesamt nutzten oder nutzen über 20 Staaten M48. Neben NATO-Staaten wie Spanien, Norwegen, Portugal oder Griechenland gehören dazu u. a. auch Taiwan, Südkorea, Jordanien, Pakistan, Libanon und Iran.
Aufgrund seiner weiten Verbreitung fand der Typ in zahlreichen Konflikten Verwendung. Während der M48 sich in den Händen der Israelis (1967, 1973 und 1982) und der

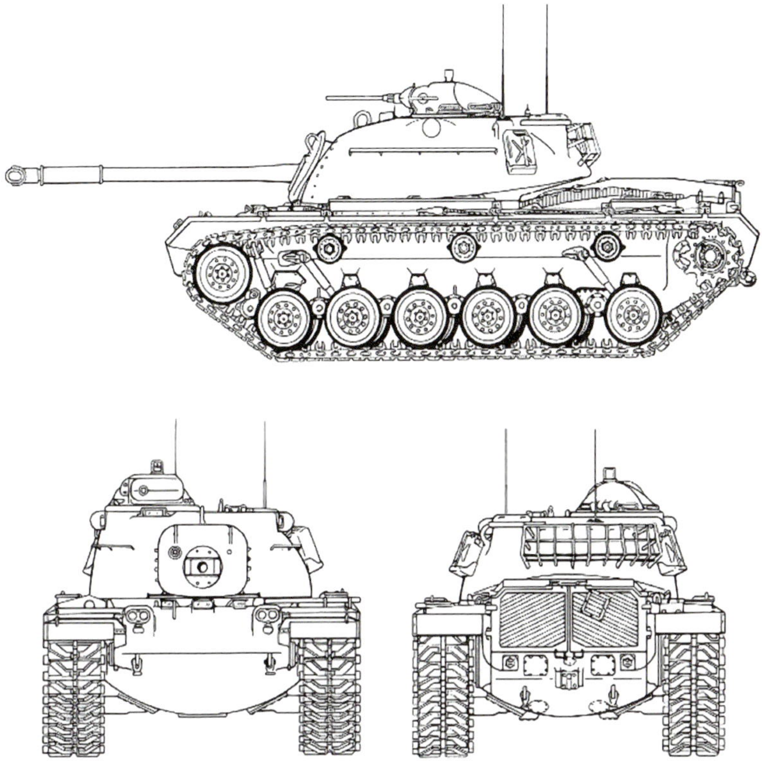

Drei-Seiten-Ansicht eines M48A2. (US Army)

Dieser M48A2C ist das selbe Fahrzeug wie auf S. 56 oben. Man beachte das neue Fahrzeugheck. Ein typisches Zeichen des M48A2 sind drei Stützrollen, alle anderen M48-Versionen weisen fünf Stützrollen auf. Beim M48A2C wurde zudem in der Regel die Kettenspannrolle zwischen letztem Laufrad und Antriebsrad entfernt. Dass dieser M48A2C ein ehemaliger Bundeswehrpanzer ist, lässt sich auch am Tarnkreuz am Wannenheck sowie dem Behälter für das IR-Suchlicht am Turmheck erkennen. (powidl, PD)

Typ	Mittlerer Kampfpanzer
Hersteller	Chrysler, American Locomotive (Alco)
Gefechtsgewicht (kg)	47.628
Länge (mm)	6870 (Wanne), 8686 (mit Rohr)
Breite (mm)	3631
Höhe (mm)	3124 (Oberkante Kommandantenkuppel)
Motor	Continental AVI-1790-8, V12-Ottomotor
Leistung (kW/PS)	607/825
Leistungsgewicht (PS/t)	17,48
Höchstgeschwindigkeit (km/h)	48 (Straße)
Kraftstoffvorrat (l)	1268
Fahrbereich (km)	250 (Straße)
Besatzung	4
Bewaffnung	1 x 90-mm-BK M41 L/52,5, 1 x 7,62-mm-MG M37 koaxial, 1 x 12,7-mm-M2HB-Fla-MG
Kampfsatz	64 x 90 mm, 1360 x 12,7 mm, 5950 x 7,62 mm
Panzerung	Panzerstahl, 12,7–178 mm
Furttiefe	1,22 m ohne, 4,57 m mit Vorbereitung

USA (Vietnam) durchaus bewährte, erzielten die pakistanischen Pattons 1965 und 1971 im Krieg gegen Indien nur mäßige Ergebnisse. Neben der dürftigen Reichweite der Modelle M48 bis M48A2 standen vor allem der hohe Aufzug der Panzer sowie ihre im Vergleich zum T-54/55 schlechtere Bewaffnung und Turmpanzerung in der Kritik.

Auf dem M48 basieren zudem ein Brückenleger, der M88 Bergepanzer, die 203-mm-Panzerhaubitze M55 sowie das Flugabwehrsystem M247, von dem jedoch nur 50 Vorserienexemplare gebaut wurden.

Einer der größten Nutzer des M48 war die Bundeswehr, die ab Ende 1957 zunächst 203 M48A1 erhielt, denen wenig später 1001 M48A2 und 462 A2C folgten. Der M48 avancierte damit in den 1960er Jahren zum Standardkampffahrzeug der westdeutschen Panzertruppe. Anfang der 1960er Jahre lieferte die Bundesregierung rund 150 M48 an Israel, zudem erhielt die IDF ab 1965 auch M48 aus den USA und wurde zu einem der größten Nutzer dieses Typs. Ehemalige M48 der Bundeswehr wurden als Waffenhilfe auch an die Türkei abgegeben.

Ein M48A2 der Bundeswehr während des Manövers Joint NATO Armored Exercises im Jahre 1967 auf dem Truppenübungsplatz Grafenwöhr.

Werksaufnahme eines fabrikneuen M48A3 eines späten Bauloses. Man beachte die neue Kommandantenkuppel, hier noch ohne 12,7-mm-MG. (BMY)

90 mm Gun Tank M48A3 Patton

Um den Kampfwert des M48A1 zu steigern, ließ die US Army ab März 1960 sechs M48A1E1 bauen, die über eine 105-mm-BK, den AVDS-1790-Diesel, das Getriebe, die FL-Anlage sowie weitere Elemente des M60 verfügten. Da sich diese Kombination als den bisherigen M48 weit überlegen erwies, wurden zwischen Anfang 1963 und Ende 1964 1019 M48A1 umgerüstet. Auf die 105-mm-BK war jedoch aus finanziellen Gründen verzichtet worden, sodass diese offiziell als M48A3 bezeichneten Panzer weiterhin die 90-mm-BK M41 führten. Allerdings stieg der Kampfsatz um zwei Schuss an und die A3 erhielten einen Weißlicht-/IR-Zielscheinwerfer über der BK inklusive der entsprechenden Zielgeräte, ein Staukasten für den Zielscheinwerfer war jedoch nicht vorhanden. Zudem wurden ein modifiziertes Brandunterdrückungs- und ein ABC-Schutzsystem installiert. Auf das Hilfstriebwerk zum Laden der Batterien konnte aufgrund des sparsamen Diesels verzichtet werden, sein Platz nahm zusätzlicher Treibstoff ein. Waren die bisherigen Umbauten in Werkstätten der US-Armee durchgeführt worden, erging im April 1967 ein Auftrag an Bowen-McLauglin-York weitere 578 M48A1 umzurüsten. Neben Detailänderungen

Daten für M48A3 Mod B

Typ	Mittlerer Kampfpanzer
Hersteller	Anniston Army Depot, Bowen-McLaughlin-York
Gefechtsgewicht (kg)	48.534
Länge (mm)	6882 (Wanne), 8686 (mit Rohr)
Breite (mm)	3631
Höhe (mm)	3284 (Oberkante Kommandantenkuppel)
Motor	AVDS-1790-2A, V12-Dieselmotor
Leistung (kW/PS)	552/750
Leistungsgewicht (PS/t)	15,45
Höchstgeschwindigkeit (km/h)	48 (Straße)
Kraftstoffvorrat (l)	1457
Fahrbereich (km)	480 (Straße)
Besatzung	4
Bewaffnung	1 x 90-mm-BK M41 L/52,5, 1 x 7,62-mm-MG M73 koaxial, 1 x 12,7-mm-M2HB-Fla-MG
Kampfsatz	62 x 90 mm, 600 x 12,7 mm, 5900 x 7,62 mm
Panzerung	Panzerstahl, 12,7–178 mm
Furttiefe	1,22 m ohne, 4,57 m mit Vorbereitung

M48A3 des USMC, Operation Starlite, Vietnam, August 1965. (Vincent Bourguignon)

M48A3 Patton, C-1-69 Armor, Ende 1968 nahe der US-Basis »Landing Zone Uplift«, ca. 8 km nördlich von Phu My in der Provinz Bình Đinh. (US Army)

am Treibstoff – und FL-System, den Scheinwerfern, dem Fahrwerk sowie den Abgasgrätings am Heck unterscheiden sich diese als M48A3 (Mod B) bezeichneten Panzer vor allem durch eine modifizierte Kommandantenkuppel. Dabei wurde zwischen der alten Kuppel und dem Turmdach ein zusätzlicher Ring aus Sichtblöcken eingefügt, der die Rundumsicht verbessern und den Platz in der Kuppel verbessern sollte. Da die beim Mod B eingeführten Veränderungen später ganz oder teilweise auch bei älteren A3 nachgerüstet wurden, entfiel die »Mod B« Bezeichnung schließlich.

M48A3 kamen vor allem in Vietnam zum Einsatz und bewährten sich dort gut.

Flüchtlinge passieren einen M67 des USMC in Hue City, Vietnam, 3. Februar 1968. (USMC)

Flame Thrower Tank M67

Während des Zweiten Weltkriegs setzte das United States Marines Corps (USMC) eine Reihe von M4 *Sherman* und M3 *Stuart* Flammpanzer-Versionen ein, die sich beim Kampf gegen japanische Bunker und Unterstände bestens bewährten. Flammpanzervarianten des M26 (T35), T42 kamen über die Projektphase nicht hinaus, weshalb das USMC auch zu Beginn des Koreakrieges 1950 noch immer mit eigentlich veralteten Flammpanzern auf Basis des M4 Vorlieb nehmen musste. Auch der Prototyp T66 ging 1952 nicht in Serie, da das Basisfahrzeug M47 zu jener Zeit als veraltet galt und durch den M48 ersetzt werden sollte. Obwohl die Marines dringend ein solches Fahrzeug gefordert hatten, dauerte es bis Herbst 1954, ehe der T67 auf Basis des M48 in Angriff genommen wurde. Bei diesem war die 90-mm-BK durch einen Flammenwerfer vom Typ M7-6 ersetzt worden, die restliche Bewaffnung blieb unverändert. 1506 l Flammöl ermöglichten 55 Flammstöße von je einer Sekunde Dauer. Die maximale Reichweite betrug rund 255 m. Der Flammenwerfer war von einer Rohrattrappe umgeben, sodass der M67 auf den ersten Blick einem gewöhnlichen

M48 ähnelte, auch wenn das »Rohr« kürzer als das der echten 90-mm-BK war. Der Einbau des Flammöltanks sowie der Verzicht auf einen Ladeschützen führten zu diversen Detailänderungen im Inneren des Panzers. Da der Höhenrichtbereich des Flammrohrs bei -12° bis +45° lag, wurden auch außen einige Modifikationen vorgenommen, um dies vollständig nutzen zu können, so wurden u. a. die Schutzbügel der Scheinwerfer verkleinert, damit diese nicht dem abgesenkten Rohr im Wege wären.
1955 wurden 56 vollständig neue M67 (basierten auf dem M48A1) und 17 Türme an das USMC geliefert, wo diese auf die Wannen bereits vorhandener M48A1 gesetzt wurden. Da auch der Prototyp T67 auf den Standard des M48A1 gebracht wurde, entstanden so insgesamt 74 M67. 1955 – 56 baute Chrysler auf Basis des M48A2 35 M67A1 für die US Army, die über eine im Detail modifizierte Flammausrüstung verfügten, nach einigen Jahren jedoch auch das USMC übergeben wurden. Ab 1962 wurden 73 M67A1 auf den Standard des M48A3 nachgerüstet (u. a. Dieselmotor) und dann als M67A2 bezeichnet. M67A2 (sowie einige wenige M67 und M67A1) des USMC kamen ab August 1965 in Vietnam zum Einsatz und blieben bis 1974 in Dienst.

Daten für M67A2

Typ	Flammpanzer
Hersteller	Umbau durch Anniston Army Depot und Red River Army Depot
Gefechtsgewicht (kg)	48.534
Länge (mm)	6871 (Wanne), 8138 (mit Rohr)
Breite (mm)	3631
Höhe (mm)	3284 (Oberkante Kommandantenkuppel)
Motor	AVDS-1790-2A, V12-Dieselmotor
Leistung (kW/PS)	552/750
Leistungsgewicht (PS/t)	15,45
Höchstgeschwindigkeit (km/h)	48 (Straße)
Kraftstoffvorrat (l)	1457
Fahrbereich (km)	480 (Straße)
Besatzung	3
Bewaffnung	1 x Flammenwerfer M7-6, 1 x 7,62-mm-MG M73 koaxial, 1 x 12,7-mm-M2HB-Fla-MG
Kampfsatz	1506 l Flammöl, 600 x 12,7 mm, 3500 x 7,62 mm
Panzerung	Panzerstahl, 12,7–178 mm
Furttiefe	1,22 m ohne, 4,57 m mit Vorbereitung

M67A2 des USMC in der Nähe von Da Nang, Vietnam, 1968. (USMC)

105 mm Gun Tank M48A5 Patton

War die 90-mm-BK des M48A3 für den Einsatz in Vietnam mehr als ausreichend gewesen, so hätte sich dies im Einsatz gegen Panzer des Warschauer Paktes völlig anders dargestellt. Die US-Streitkräfte führten daher ab 1975 ein Kampfwertsteigerungsprogramm durch, bei dem M48 den Dieselmotor, das Getriebe, die Ketten, die FL-Anlage, die 105-mm-Zugrohr-BK M68 und zahlreiche weitere Teile des M60A1 erhielten und so zu fast gleichwertigen Kampffahrzeugen wurden.
Die so umgerüsteten Panzer wurden M48A5 genannt (die Bezeichnung A4 war für eine geplante, jedoch nie eingeführte Variante mit dem Turm des M60 vergeben worden). Die ersten Fahrzeuge waren noch mit der alten MG-Kuppel ausgestattet, die man jedoch bald durch ein flacheres israelisches Modell ersetzte. Auf der Kommandanten- und Ladeschützenkuppel wurden dann 7,62-mm-Fla-MG installiert, die später jedoch offenbar zum Teil wieder einer 12,7-mm-Waffe wichen. Insgesamt wurden bis Ende 1979 2064 M48 auf den A5 Standard gebracht. Diese kamen vor allem bei Reserveeinheiten wie der Nationalgarde zum Einsatz. Nach Zulauf des M1 *Abrams* wurden zahlreiche M48A5 an verbündete Staaten abgegeben und

Typ	Mittlerer Kampfpanzer
Hersteller	Anniston Army Depot
Gefechtsgewicht (kg)	48.987
Länge (mm)	6419 (Wanne), 9306 (mit Rohr)
Breite (mm)	3631
Höhe (mm)	3086 (Oberkante Kommandantenkuppel)
Motor	Continental AVDS-1790-2D, V12-Dieselmotor
Leistung (kW/PS)	552/750
Leistungsgewicht (PS/t)	15,3
Höchstgeschwindigkeit (km/h)	48 (Straße)
Kraftstoffvorrat (l)	1420
Fahrbereich (km)	480 (Straße)
Besatzung	4
Bewaffnung	1 x 105-mm-BK M68 L/51, 1 x 7,62-mm-MG M219 koaxial, 2 x 7,62-mm-Fla-MG M60D
Kampfsatz	54 x 105 mm, 10.000 x 7,62 mm
Panzerung	Panzerstahl, 12,7–178 mm
Furttiefe	1,22 m ohne, 4,57 m mit Vorbereitung

Ein früher M48A5, der noch über die Kuppel des M48A3 verfügt. (US Army)

Späte M48A5 wie dieses Exemplar besaßen flachere Kuppeln und waren mit zwei 7,62-mm-Fla-MG ausgestattet. (US Army)

bis Mitte der 1990er Jahre war der A5 aus dem US-Inventar verschwunden.
Eine ganze Reihe von Streitkräften rüsteten ihre M48 jedoch auch in Eigenregie mit zum Teil anderen Komponenten (Details siehe Typenkompass Kampfpanzer 1945–1970) auf einem dem M48A5 gleichwertigen Standard um, darunter Spanien (165 M48A5E), Südkorea (über 700 M48A5K), Türkei (ca. 1200 M48A5T1 und T2), Griechenland (390 M48A5 MOLF) und Taiwan (CM-11 und CM-12). Wegmann stattete zwischen 1978 und 1980 650 M48A2 der Bundeswehr mit 105-mm-BK L7, Wärmeschutzhüllen, neuer Blende, einem Restlichtverstärker, einer neuen Kommandantenkuppel und MG3 aus, die dann M48A2G2 genannt wurden. Auf den Einbau eines Dieselmotors verzichtete die Bundeswehr aus Kostengründen jedoch. Zusammen mit einigen M48A2C blieben diese Panzer bis 1993 im Dienst.

M48A5 des norwegischen Heeres. Norwegen erhielt ab 1963 38 M48 mit 90-mm-BK und Ottomotoren. Diese wurden zwischen 1982 und 1985 auf den M48A5-Standard mit 105-mm-Kanone und Dieselmotor umgerüstet. 1986 wurden weitere 17 M48A5 beschafft. Die letzten M48A5 wurden 1993 ausgemustert. (Norwegisches Verteidigungsministerium)

Ein M48A5T1 der türkischen Streitkräfte. (Radek Pancartek)

T54

Die T54-Serie von Prototypen (nicht zu verwechseln mit dem sowjetischen T-54) war ein früher Versuch, die Feuerkraft des M48 zu erhöhen. Im Juli 1951 initiierte die US Army daher den Bau jeweils zweier Prototypen auf Basis des M48, die mit 105-mm-BK bewaffnet werden sollten. Bei dieser Waffe (T140) handelte es sich um eine leichtere und kürzere Version der T5E2 des schweren Panzers T29 von 1945. Die konventionellen T54-Türme wurden von der United Shoe Machinery Corporation gebaut und waren gut 3 t schwerer und auch größer als jener des M48, wiesen jedoch eine kleinere Frontfläche auf. Die Munitionszuführung erfolgte über einen Ladeautomaten mit 14-Schuss-Magazin, weitere 33 Schuss wurden im Fahrzeug separat mitgeführt. Die Wiegentürme des T54E1 entstanden ab 1952 parallel zum T54 bei der Rheem Manufacturing Company. Auch dieser Entwurf war mit einem Ladeautomaten versehen, der hier über ein Magazin mit neun Schuss verfügte, weitere 25 (später 27) 105-mm-Granaten wurden im Panzer mitgeführt. Ein Grund für den Bau des Wiegenturms war, dass sich dadurch die Konstruktion des Ladeautomaten simpler gestaltete, da sich BK und Munitionszuführung relativ zu einander nicht bewegten. Ende 1952 liefen im Detroit Arsenal Studien für einen dritten Typ von T54-Turm an, der, um die Kosten zu senken und die Konstruktion zu vereinfachen, keinen Ladeautomaten besaß. Dieser Entwurf wurde im Mai 1953 als T54E2 in das Programm aufgenommen und drei Fahrzeuge in Auftrag gegeben. Insgesamt verzögerte sich die Fertigstellung (u. a. aufgrund konstruktiver Probleme) aller T54-Typen, sodass das Programm durch die Entwicklung leistungsfähigerer BK und Fahrgestelle (z. B. T95) überholt wurde. Im Januar 1957 wurde die Entwicklung daher abgebrochen. Zwei T54E2-Türme mit hydraulischem Schwenkwerk wurden jedoch an das T95-Programm überstellt.

Der einzige T54E1 war bis zur Schließung des Ordnance Museums 2010 Teil der Ausstellung auf dem Aberdeen Proving Gound.

Zwei T54E2-Türme mit hydraulischem Schwenkwerk wurden an das T95-Programm überstellt und dort weiterverwendet. (US Army)

Daten für T54, T54E1 und T54E2

Typ	Mittlerer Kampfpanzer Prototyp T54	Mittlerer Kampfpanzer Prototyp T54E1	Mittlerer Kampfpanzer Prototyp T54E2
Hersteller	United Shoe Machinery Corporation	Rheem Manufacturing Company	Detroit Arsenal
Gefechtsgewicht (kg)	49.895	54.431	49.442
Länge (Wanne)	6705		
Länge (mit Rohr)	11.435	11.209	11.483
Breite (mm)	3631		
Höhe (mm)	3094	3081	3217
Motor	Continental AV-1790-5B, V12-Ottomotor		
Leistung (kW/PS)	596/810		
Leistungsgewicht (PS/t)	16,23	14,88	16,38
Höchstgeschwindigkeit (km/h)	45	43,5	43,5
Kraftstoffvorrat (l)	757		
Fahrbereich (km)	110 (Straße), 50 (Gelände)		
Besatzung	4		
Bewaffnung BK	1 x 105-mm-BK T140 L/65	1 x 105-mm-BK T140E2 L/65	1 x 105-mm-BK T140E3 L/65
Bewaffnung MG	1 x 7,62-mm-MG M1919A4E1 koaxial, 1 x 12,7-mm-M2HB-Fla-MG		
Kampfsatz	47 x 105 mm, 1850 x 12,7 mm, 4500 x 7,62 mm	36 x 105 mm, 900 x 12,7 mm, 3000 x 7,62 mm	39 x 105 mm, 1850 x 12,7 mm, 4750 x 7,62 mm
Panzerung	12,7–110 mm	12,7–127 mm	12,7–110 mm
Furttiefe	1,22 m		

120 mm Gun Tank T77

Im Rahmen der Entwicklung eines schweren Panzers wurde die Kombination eines Wiegenturmes, einer 120-mm-BK T179 und der Wanne des T43E1 getestet und als T57 bezeichnet (s. S. 125). Da es möglich erschien, eine »abgespeckte« Version dieses Turms auch auf die Wanne es M48 zu setzen,um so einen vergleichsweise leichten Panzer mit schwerer Bewaffnung zu schaffen, wurde die Rheem Manufacturing Company im Mai 1953 damit beauftragt, zwei als T77 bezeichnete Prototypen zu bauen. Die 120-mm-BK T179 war starr im oberen Turmteil lafettiert, d.h. sie verfügte über keinerlei Rücklauf. Ein Ladeautomat mit einem Acht-Schuss-Magazin war hinter und unter der Waffe installiert. Weitere zehn Granaten waren im Panzer verstaut, sodass die insgesamt nur 18 Schuss mitgeführt werden konnten. Das FL-System verfügte über einen optischen EM und einen analogen Ballistikrechner. Wie bei der T54-Serie verlief die Entwicklung nur sehr schleppend und litt unter häufig wechselnden Anforderungen des Bedarfsträgers. Noch bevor die Erprobung anlaufen konnte, wurde das Programm 1957 abgebrochen und im Februar 1958 die Verschrottung der beiden Türme angeordnet.

Typ	Mittlerer Kampfpanzer Prototyp
Hersteller (Turm)	Rheem Manufacturing Company
Gefechtsgewicht (kg)	50.575
Länge (mm)	6705 (Wanne), 11.412 (mit Rohr)
Breite (mm)	3631
Höhe (mm)	3025 (ohne Fla-MG)
Motor	Continental AV-1790-5B, V12-Ottomotor
Leistung (kW/PS)	596/810
Leistungsgewicht (PS/t)	16,02
Höchstgeschwindigkeit (km/h)	43,5 (Straße)
Kraftstoffvorrat (l)	757
Fahrbereich (km)	110 (Straße), 50 (Gelände)
Besatzung	4
Bewaffnung	1 x 120-mm-BK T179 L/60, 1 x 7,62-mm-MG M1919A4E1 koaxial, 1 x 12,7-mm-M2HB-Fla-MG
Kampfsatz	18 x 120 mm, 3425 x 12,7 mm, 3000 x 7,62 mm
Panzerung	Panzerstahl, 12,7–137,1 mm
Furttiefe	1,22 m

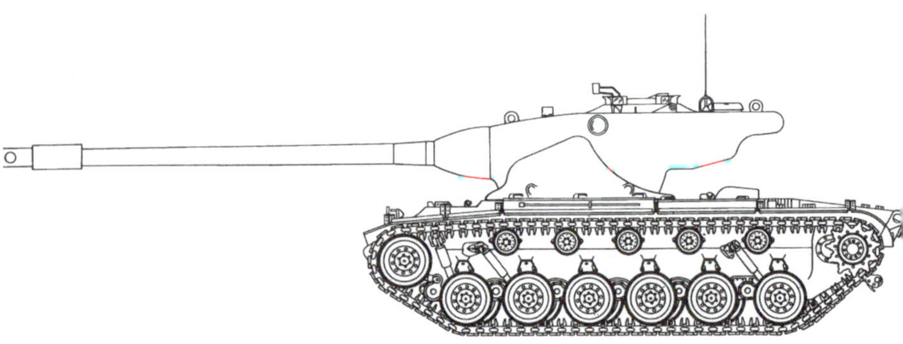

Vom T77 entstanden nur zwei Türme, die niemals auf die vorgesehenen Wannen gesetzt wurden. (US Army)

Der zweite Prototyp des T95E2 mit M48A2-Turm. Dieser Panzer wurde im Dezember 1957 komplettiert und wurde hier während seiner Erprobung in Fort Knox aufgenommen. (US Army)

90 mm Gun Tank T95

Unter der Bezeichnung T95 wird eine ganze Serie von Prototypen und Versuchsfahrzeugen zusammengefasst, die ab Mitte der 1950er Jahre in den USA entwickelt und erprobt wurden. Eine Gesamtdarstellung der komplizierten Geschichte der T95-Serie entzieht sich der knappen Darstellung im Rahmen eines Typenkompass.

Parallel mit der Entwicklung des T48 (später M48) und T43 (später M103) liefen im Sommer 1951 in zahlreichen US-Konstruktionsbüros Studien für mögliche Nachfolger an. Dabei entstanden zum Teil unkonventionelle, ja sogar bizarre Konzepte. Im September 1954 entschied die Führung der US-Armee schließlich, dass zwei Projekte weiterverfolgt und Prototypen gebaut werden sollten. Dies war zum einen der mittlere T95 mit einer 90-mm-BK, zum anderen der schwere T96, der über eine 105-mm-BK verfügen sollte.

Während der T95 im Detroit Arsenal entwickelt wurde, übernahm dies beim T96 die Ford Motor Company. Allerdings sollten beide Typen so gestaltet werden, dass sie ein Maximum an gemeinsamen Komponenten aufwiesen. Durch die Verwendung einer Glattrohr-BK ohne Rücklauf und eines (zu jener Zeit allerdings noch in der Entwicklung befindlichen) besonders kompakten Diesels mit Zylindern in X-Anordnung hoffte man, einen kleineren und leichteren Panzer als den M48 bzw. M103 bauen zu können. Recht bald stellte sich allerdings heraus, dass die Wannenfront des T96, sollte er innerhalb der gesteckten Gewichtsgrenzen bleiben, weniger stark gepanzert sein würde als die Wannenfront des T95. Da der T96 mit einer 105-mm-BK und der T95 nur mit einer 90-mm-BK bewaffnet sein sollte, schien dies wenig sinnvoll. Beide Entwürfe wiesen jedoch den gleichen Turmdrehkranzdurchmesser auf, daher wurde im November 1956 entschieden, den T95 mit dem Turm des T96 aufzurüsten und die Entwicklung der T96-Wanne abzubrechen.

Aufgrund dieser Entscheidung sollten nun neun T95 gebaut werden. Vier T95 mit der starr lafettierten 90-mm-Glattrohr-BK T208, ein T95E1 mit einer BK T208 mit Rücklaufsystem und vereinfachter FL-Anlage sowie vier mit 105-mm-BK. Da die vorgesehenen

Der Prototyp des T95. Man beachte an der rechten Turmseite die Kuppel des OPTAR-EM. (US Army)

T96-Türme noch nicht zur Verfügung standen, sollten diese vier Wannen zunächst mit zwei M48A2-Türmen (Bezeichnung dann T95E2) und zwei T54E1-Türmen (Bezeichnung dann T54E3) versehen werden. Nach Umrüstung auf die Türme des Typs T96 war dann die Umbenennung in T95E4 geplant. Da diese Türme jedoch fertiggestellt wurden, entfiel die Bezeichnung T95E4 schließlich ganz.
Das erste Fahrzeug der T95-Serie war ein T95E2, der im Mai 1957 komplettiert und am 7. Juni zur Erprobung an den APG übergeben wurde. Der zweite T95E2 gelangte im Dezember 1957 auf den APG. Im Juli 1957 wurde der erste T95E3 fertiggestellt, der zweite folgte Mitte 1958. Der einzige T95E1 wurde Anfang März 1958 nach Fort Benning verbracht und ab Ende jenes Monats auf dem APG getestet. Der erste »echte« T95 wurde am 31. März 1958 an den APG übergeben, der zweite T95 folgte Mitte jenes Jahres. Die beiden anderen T95 verblieben zunächst im Detroit Arsenal.
Die Wannen der T95-Serie waren konventionell konstruiert. Der Fahrer saß vorn in der Mitte der Wanne, links und rechts von ihm befanden sich Munitionsbunker. Der Drei-Mann-Turm des T95 (Kommandant und Richtschütze rechts, Ladeschütze links) war mittig aufgesetzt und der Antriebsstrang befand sich im Heck. Das Fahrwerk bestand aus fünf

Laufrollen an Torsionsstäben und kam ohne Stützrollen aus. T95 und T95E1 waren mit der 90-mm-Glattrohr BK T208 bewaffnet, die im T95 ohne und im T95E1 mit Rücklaufsystem verbaut war. Im T95 war die Waffe stabilisiert, im T95E1 nicht. Während der T95E1 über ein recht einfaches FL-System verfügte, das weder mit einem EM noch mit einem Ballistikrechner ausgerüstet war, besaß der T95 eine aufwändige FL-Anlage. Diese war mit einem analogen Rechner und einem als OPTAR bezeichneten elektro-optischen EM ausgerüstet. OPTAR (Optical Tracing Acquisition Ranging, etwa »Optische Zielverfolgung, Auffassung, Entfernungsmessung«) war der Vorläufer heutiger Laser-EM, bediente sich jedoch nicht eines gebündelten Laserstrahls, sondern eines gepulsten Strahls weißen Lichtes. Dieser Strahl tendierte dazu, sich zu zerstreuen, z. B. im Nebel oder bei hoher Staubkonzentration und lieferte dann falsche Angaben, weshalb sich das OPTAR-System nicht bewährte.

Die Glattrohr-BK des T95 wies zwar eine hohe v0 und damit eine hohe Durchschlagsleistung auf, war jedoch nicht sonderlich genau. Bei einer gezogenen Waffe versetzen Züge im Lauf das Geschoss in Rotation und stabilisieren es so. Bei einer Glattrohr-BK muss dies durch Flossen am Geschoss geschehen. Eben diese Technik war zu jener Zeit noch nicht ausgereift.

Als Triebwerk des T95 war ein noch in der Entwicklung befindlicher Diesel mit 12 Zylindern in X-Form vorgesehen, der jedoch nicht zur Verfügung stand, weshalb zunächst ein 8-Zylinder-Diesel AOI-1195 verbaut wurde. Da sich FL-System und BK des T95 nicht bewährten und zudem die Entwicklung des vorgesehenen Dieselmotors abgebrochen wurde, fand auch das T95-Programm im Juli 1960 sein Ende. Der ursprünglich für den geplanten T95E7 entworfene Turm fand jedoch seinen Weg in die Entwicklung des M60A1.

Zeichnung des nie verwirklichten T95E6, der eine T95-Wanne mit einem T96-Turm und einer 120-mm-Zugrohr-BK kombinieren sollte. (US Army)

Neben den bereits beschriebenen Versionen wurden folgende weitere Varianten des T95 gebaut oder geplant:

- T95E4: T95-Wanne mit T96-Turm und 105-mm-Glattrohr-BK T210
- T95E5: T95E2 mit in Lizenz gebauter britischer 105-mm-Zugrohr-BK L7 (US-Bezeichnung T254), blieb ein Projekt
- T95E6: Eine T95-Wanne mit T96-Turm mit 120-mm-Zugrohr-BK T123E6, blieb ein Projekt.

T95 (Prototypen 1 und 2)/T95E1

Typ	Standardkampfpanzer Prototyp
Hersteller	Detroit Arsenal
Gefechtsgewicht (kg)	38.238/38.465
Länge (mm)	6998 (Wanne), 10.183 bzw. 10.310 (mit Rohr)
Breite (mm)	3150
Höhe (mm)	2845 (Oberkante Rundblickfernrohr)
Motor	Continental AOI-1195-5, 8-Zyl.-Ottomotor
Leistung (kW/PS)	412/560
Leistungsgewicht (PS/t)	14,65 bzw. 14,56
Höchstgeschwindigkeit (km/h)	56 (Straße)
Kraftstoffvorrat (l)	776
Fahrbereich (km)	235 (Straße)
Besatzung	4
Bewaffnung	1 x 90-mm-BK T208 bzw. T208E9 L/73, 1 x 7,62-mm-MG M37 koaxial, 1 x 12,7-mm-MG M2 auf dem Turm
Kampfsatz	50 x 90 mm, 1700 x 12,7 mm, 4750 x 7,62 mm
Panzerung	Panzerstahl, 12,7–178 mm (Blende bis 381 mm)
Furttiefe	1,22 m

- T95E7: T95E1 mit 105-mm-Zugrohr-BK T254, blieb ein Projekt.
- T95E8: T95E2 mit einem 12V71T Dieselmotor. Diente mit neuem Turm später als Versuchsträger für die 120-mm-Glattrohr-BK »Delta«.
- T95E9: T95E6 mit 12V71T Dieselmotor, blieb ein Projekt.
- T95E10: T95 mit VDS-1100 Dieselmotor, blieb ein Projekt.
- T95E11: T95E6 mit VDS-1100 Dieselmotor, blieb ein Projekt.
- T95E12: T95E6 mit optischem EM, neuem FL-Sytem und VDS-1100 Dieselmotor, blieb ein Projekt.
- T118 – Pionierpanzer mit Räumschaufel, Winde und einem 165-mm-Ladungswerfer M57.

T95E3 mit nach hinten gedrehtem Turm. (US Army)

T95E2/E3

Typ	Standardkampfpanzer Prototyp
Hersteller	Detroit Arsenal
Gefechtsgewicht (kg)	36.922/40.937
Länge (mm)	6998 (Wanne), 8385 bzw. 11.392 (mit Rohr)
Breite (mm)	3150
Höhe (mm)	2896 bzw. 2921 (Oberkante Rundblickfernrohr)
Motor	Continental AOI-1195-5, 8-Zyl.- Ottomotor
Leistung (kW/PS)	412/560
Leistungsgewicht (PS/t)	14,65 bzw. 14,56
Höchstgeschwindigkeit (km/h)	56 (Straße)
Kraftstoffvorrat (l)	776
Fahrbereich (km)	235 (Straße)
Besatzung	4
Bewaffnung T95E2	1 x 90-mm-BK M41, 1 x 7,62-mm-MG M37 koaxial, 1 x 12,7-mm-MG M2 MG auf dem Turm
Bewaffnung T95E3	1 x 105-mm-BK T140E3 L/60, 1 x 7,62-mm-MG M1919A4E1 koaxial, 1 x 12,7-mm-MG M2 MG auf dem Turm
Kampfsatz T95E2	64 x 90 mm, 1265 x 12,7 mm, 5890 x 7,62 mm
Kampfsatz T95E3	39 x 105 mm, 1850 x 12,7 mm, 4750 x 7,62 m
Panzerung	Panzerstahl, 12,7–178 mm (E2), 12,7–127 mm (E3)
Furttiefe	1,22 m

105 mm Gun Tank M60

Bereits im Mai 1958 kam die Führung der US-Armee zu dem Schluss, dass der T95 dem M48 nur in Bezug auf Feuerkraft und Motorisierung deutlich überlegen sein würde. Dies aber, so die Überlegung, würde sich einfacher, rascher und kostengünstiger realisieren lassen, wenn man den M48 modifizierte. Im Juni 1958 begannen daher die Arbeiten an einem als XM60 bezeichneten Panzer mit Dieselmotor und 105-mm-BK, der auf dem M48 basierte. Der erste von vier Prototypen wurde im Juli 1959 fertiggestellt. Ursprünglich sollte der XM60 im Front und Turmbereich eine Mehrschichtpanzerung (Stahl-Siliziumdioxid-Stahl) erhalten, weshalb die Wannenfront nicht mehr gerundet, sondern gerade war. Aus Kostengründen wurde darauf jedoch schließlich verzichtet. Als Turm war ein für den T95E7 entwickeltes Modell mit sehr schmaler Front geplant, der jedoch noch nicht serienreif war, weshalb der Gussturm des XM60 beinahe jenem des M48A2 entsprach. Allerdings bot eine neue Kommandantenkuppel nun mehr Platz und war mit einem modifizierten 12,7-mm-MG vom Typ M85 bestückt. Auch das Drehstablaufwerk mit sechs Lauf- und drei Stützrollen entsprach praktisch

Typ	Standardkampfpanzer
Hersteller	Detroit Tank Arsenal (Chrysler)
Gefechtsgewicht (kg)	46.266
Länge (mm)	6494 (Wanne), 9309 (mit Rohr)
Breite (mm)	3631
Höhe (mm)	3213 (Oberkante Kommandantenkuppel)
Motor	Continental AVDS-1790-2, V12-Dieselmotor
Leistung (kW/PS)	552/750
Leistungsgewicht (PS/t)	16,21
Höchstgeschwindigkeit (km/h)	48 (Straße)
Kraftstoffvorrat (l)	1457
Fahrbereich (km)	480 (Straße)
Besatzung	4
Bewaffnung	1 x 105-mm-BK M68 L/51, 1 x 7,62-mm-MG M219 koaxial, 1 x 12,7-mm-Fla-MG M85
Kampfsatz	57 x 105 mm, 900 x 12,7 mm, 5950 x 7,62 mm
Panzerung	Panzerstahl, 12,7–178 mm
Furttiefe	1,22 m ohne, 4,1 m mit Vorbereitung

Ein früher M60, Fort Benning, Georgia, 1960. Man beachte die neue Kommandantenkuppel, hier noch ohne 12,7-mm-MG. (US Army)

dem des M48. Die Auslegung war wie beim M48 konventionell, dass heißt im mittig aufgesetzten 3-Mann-Turm befanden sich Kommandant und Richtschütze rechts, der Ladeschütze links. Der Fahrer war vorn mittig in der Wanne untergebracht und auf beiden Seiten von Munitionsbunkern umgeben. Beide Typen unterschieden sich jedoch deutlich im Heckbereich. XM60 besaß am Heck auffällige, aufklappbare Auslassgrätings, durch welche die Motorkühlluft und die Abgase ausgestoßen wurden. Zudem erhielt der XM60 aufgrund des höheren Drehmoments des Dieselmotors ein neues Getriebe und verfügte über ein ABC-Schutzsystem, einen optischen EM sowie einen analogen FL-Rechner. Die 105-mm-Zugrohr-BK war eine nur leicht modifizierte, in Lizenz gebaute britische L7, wie sie z. B. auch im Leopard 1 zu finden war. Die BK des XM60 war nicht stabilisiert. Weißlicht-/IR-Scheinwerfer ermöglichten eine beschränkte Nachtkampffähigkeit. Die Fertigung des Serienexemplars M60 lief Mitte 1960 an, bis Oktober 1962 wurden 2205 Panzer dieses Typs gebaut.

Ein M60 der US Army überquert eine Pontonbrücke der 12th Engineers, 8th Infantry Division in Deutschland. (US Army via Mark Holloway)

M60 mit Tiefwatschacht und Räumschaufel. (US Army)

105 mm Gun Tank M60A1

Nachdem ab Mai 1961 drei M60E1 Prototypen gebaut worden waren, löste der M60A1 im Oktober 1962 den M60 auf den Fertigungsbändern ab. Auffälligstes Unterscheidungsmerkmal des M60A1 war sein neuer, stärker gepanzerter Turm mit schmalerer Front, der auch ohne Siliziumdioxid-Panzerung weitaus besseren Schutz bot. Zudem wurde die Wannenpanzerung verstärkt. Die BK war zunächst nur teilstabilisiert. Das überarbeitete Laufwerk verwendete zur Gewichtsersparnis nun Aluminiumlaufrollen anstelle der zuvor verbauten aus Gussstahl und der verbesserte Diesel erzeugte weniger Rauch und war ökonomischer. Der M60A1 wurde im Laufe seiner Produktionszeit einer Reihe von Verbesserungen unterzogen, die zum Teil auch bei älteren Fahrzeugen nachgerüstet wurden. So kamen z. B. ab 1971 neue Luftfilter und ab 1972 eine neue Stabilisierungsanlage zum Einbau, welche die BK in zwei Achsen stabilisierte. 1974 folgten neue Ketten, und ab 1975 das RISE-Programm *(Reliablity Improved Selected Equipment)*, das u. a. einen verbesserten Motor und ein überarbeitetes elektrisches System beinhaltete. Ab 1977 wurden neue

Typ	Standardkampfpanzer
Hersteller	Detroit Tank Arsenal (Chrysler)
Gefechtsgewicht (kg)	52.600
Länge (mm)	6494 (Wanne), 9436 (mit Rohr)
Breite (mm)	3631
Höhe (mm)	3270 (Oberkante Kommandantenkuppel)
Motor	Continental AVDS-1790-2A, V12-Dieselmotor
Leistung (kW/PS)	552/750
Leistungsgewicht (PS/t)	14,26
Höchstgeschwindigkeit (km/h)	48 (Straße)
Kraftstoffvorrat (l)	1420
Fahrbereich (km)	500 (Straße)
Besatzung	4
Bewaffnung	1 x 105-mm-BK M68 L/51, 1 x 7,62-mm-MG M73 oder M219 koaxial, 1 x 12,7-mm-Fla-MG M85
Kampfsatz	63 x 105 mm, 900 x 12,7 mm, 5950 x 7,62 mm
Panzerung	Panzerstahl, 12,7–254 mm
Furttiefe	1,22 m ohne, 4,1 m mit Vorbereitung

Der 60A1 besaß einen neuen, ballistisch besser geformten und stärker gepanzerten Turm. (US Army)

Ein M60A1 des USMC während des Manövers Bright Star '85. Ägypten 1985. (US DoD, USMC)

Panzer mit Restlichtverstärkern ausgestattet und schließlich wurden 170 M60A1 des USMC 1988 mit einer reaktiven Zusatzpanzerung (ERA) versehen. Insgesamt verließen zwischen 1962 und 1980 insgesamt 7849 M60A1 die Werkshallen. Hinzu kamen 300 in Italien von OTO Melara in Lizenz gebaute Panzer. Obwohl nur als Übergangslösung bis zur Einführung eines »idealen« Kampfpanzers gedacht, blieb der M60A1 bis Anfang der 1980er Jahre die Hauptstütze der US-Panzertruppe. Seit den 1960er Jahren hat der M60A1 an

M60A1 der thailändischen Streitkräfte während des Manövers Cobra Gold auf dem Truppen-Übungsplatz Ban Chan Krem, Thailand, 21. Februar, 2014. Thailand betreibt 53 M60A1 RISE Passive und 125 M60A3 TTS, die es gebraucht von den USA erworben hat. (US DoD, Sgt. Artur Shvartsberg, USMC)

zahlreichen Konflikten teilgenommen, z. B. an den Nahostkriegen von 1973 und 1982 und dem Golfkrieg von 1990/91. Dabei bewährte sich der Panzer (trotz seiner hohen Silhouette und seines geringen Leistungsgewichtes) gegen Gegner wie T54/55, T-62 und sogar T-72. Dies ist aber nicht zuletzt auch auf den unterschiedlichen Ausbildungsstand der Besatzungen zurück zu führen.

Auf Basis des M60 entstanden zudem ein Brückenleger (M60AVLB), zwei Minenräumfahrzeuge (M60 AVLM, M60 *Panther*) sowie ein Pionierpanzer (M728).

Ein M60A1 der iranischen Panzertruppe. (Radek Pancartek)

Marines der Company D, 2nd Tank Battalion lassen ihren M60A1 während einer Übung im Rahmen der Operation Desert Shield über ein Sandhindernis rollen. Der Panzer ist mit einer Räumschaufel und reaktiver Zusatzpanzerung ausgerüstet (1988 waren 170 M60A1 des USMC mit ERA versehen worden). Saudi Arabien, Ende 1990/Anfang 1991. (US DoD)

152 mm Gun-Launcher M60A2

Der M60A2 verwendete die Wanne des M60A1, war jedoch mit einem völlig neuen Turm ausgerüstet, der eine kurzläufige 152-mm-BK trug. Diese Waffe konnte sowohl konventionelle Munition (gegen Panzer HEAT-Geschosse) aber auch den IR-gelenkten PzAbwFK des Typs MGM-51 *Shillelagh* verschießen. Erste, noch als M60A1E1 und E2 bezeichnete Prototypen wurden bereits 1964/65 fertiggestellt und die Serienfertigung lief im kleinen Maßstab ab 1966 an. Aufgrund mannigfaltiger Probleme konnten die ersten M60A2 jedoch erst 1974 an die Truppe ausgeliefert werden. Vor allem die zahlreichen neuen und unerprobten Systeme der Stabilisierungs- und FL-Anlage (u.a Laser-EM, digitaler Rechner) erfüllten die Erwartungen zunächst nicht und erwiesen sich als komplex und störanfällig. Der Typ erhielt daher den Spitznamen *starship* (Raumschiff). Die Hülsen der konventionellen 152-mm-Munition waren komplett verbrennbar, erwiesen sich jedoch zunächst als empfindlich gegenüber Beschädigungen und Feuchtigkeit. Zudem verblieben nach einem Schuss oft glühende Reste im Ladungs-

Typ	Standardkampfpanzer
Hersteller	Detroit Tank Arsenal (Chrysler)
Gefechtsgewicht (kg)	51.890
Länge (mm)	6494 (Wanne), 7280 (mit Rohr)
Breite (mm)	3631
Höhe (mm)	3310 (Oberkante Kommandantenkuppel)
Motor	Continental AVDS-1790-2A, V12-Dieselmotor
Leistung (kW/PS)	552/750
Leistungsgewicht (PS/t)	14,45
Höchstgeschwindigkeit (km/h)	48 (Straße)
Kraftstoffvorrat (l)	1420
Fahrbereich (km)	460 (Straße)
Besatzung	4
Bewaffnung	1 x 152-mm-BK M162 L/17,5; 1 x 7,62-mm-MG M73 oder M219 koaxial, 1 x 12,7-mm-Fla-MG M85
Kampfsatz	46 x 152 mm (13 x FK, 33 x Granaten), 1080 x 12,7 mm, 5500 x 7,62 mm
Panzerung	Panzerstahl, 12,7–292 mm
Furttiefe	1,22 m ohne, 4,1 m mit Vorbereitung

M60A2 mit dem Namen »A-Deuce«, 1st Brigade, 3rd Infantry Division (Mech), US Army, Conn Barracks Camp, Schweinfurt, Bundesrepublik Deutschland, 1976. (Vincent Bourguignon)

raum, welche die nächste Granate vorzeitig zünden konnten. Dieses Problem löste man durch den Einbau einer Druckluftanlage, die das Rohr frei blies, um glühende Rückstände zu entfernen. Zugleich wurde so ein Rauchabsauger überflüssig. Der Turm des M60A2 hatte ein ungewöhnliches Design: er war in der Mitte hoch und schmal, an den Seiten aber sehr flach. Der Kommandant saß weit hinten im Turm, ein aufgesetzter weiterer kleiner Turm (mit einem vollstabilisierten 12,7-mm-MG) verschaffte ihm einen guten Rundumblick, sorgte jedoch auch für eine sehr hohe Silhouette. Die US Army hatte ursprünglich geplant, sämtliche M60 und M60A1 durch den A2 zu ersetzen, verzichtete aufgrund der mannigfaltigen Probleme jedoch darauf. Insgesamt entstanden bis 1975 nur 526 Exemplare, von denen man die letzten bereits 1981 wieder ausgemustert hatte. Die Türme wurden verschrottet, während die Wannen mit neuen Türmen der Version A1 ausgestattet oder zu Brückenlegern oder Pionierpanzern umgebaut wurden.

In den 1960er Jahren betrachtete die Führung der US Army den M60A2 als zukunftsweisendes Waffensystem. Allerdings bewährte sich der Typ nicht und wurde bald wieder ausgemustert. (US Army)

105 mm Gun Tank M60A3

Im Februar 1978 wurde der erste M60A3 fertiggestellt, der sich vom Modell A1 vor allem in der FL-Anlage unterschied. So wurde der Schnittbild-EM durch einen Laser-EM sowie der analoge FL-Rechner durch einen digitalen ersetzt. Dieser Computer berücksichtigte u. a. auch Luftdruck, Luftfeuchtigkeit und Wind, was die Treffgenauigkeit erheblich erhöhte. Am Turm wurde eine Nebelwurfanlage installiert, zudem konnte sich der M60A3 (wie sowjetische Panzer) durch das Einspritzen von Dieselkraftstoff in die Abgasanlage einnebeln. Das koaxiale M73 oder M219 MG wurde durch das zuverlässigere Modell M240 ersetzt. Anstelle von IR-Sichtgeräten erhielt die Variante A3 zunächst Restlichtverstärker, die jedoch bereits ab 1979/80 zunehmend durch WBG ersetzt wurden. Derartig ausgerüstete Panzer erhielten die Bezeichnung M60A3 (TTS). TTS steht dabei für *Tank Thermal Sight* – Panzer-Wärmebildgerät.
Die Produktion des M60A3 endete 1987. Bis zu diesem Zeitpunkt waren insgesamt über 15.000 M60 aller Varianten gefertigt worden. Die letzten Panzer des Typs M60A3 wurden im Mai 1997 aus dem aktiven Dienst der US Army genommen. Neue oder gebrauchte

Typ	Standardkampfpanzer
Hersteller	Detroit Tank Arsenal (Chrysler)
Gefechtsgewicht (kg)	52.600
Länge (mm)	6494 (Wanne), 9436 (mit Rohr)
Breite (mm)	3631
Höhe (mm)	3270 (Oberkante Kommandantenkuppel)
Motor	Continental AVDS-1790-2C, V12-Dieselmotor
Leistung (kW/PS)	552/750
Leistungsgewicht (PS/t)	14,26
Höchstgeschwindigkeit (km/h)	48 (Straße)
Kraftstoffvorrat (l)	1420
Fahrbereich (km)	480 (Straße)
Besatzung	4
Bewaffnung	1 x 105-mm-BK M68 L/51, 1 x 7,62-mm-MG M240 koaxial, 1 x 12,7-mm-Fla-MG M85
Kampfsatz	63 x 105 mm, 900 x 12,7 mm, 5950 x 7,62 mm
Panzerung	Panzerstahl, 12,7–254 mm
Furttiefe	1,22 m ohne, 4,1 m mit Vorbereitung

Ein M60A3 der US Army mit Räumschild während des Manövers Reforger 82. (US DoD)

Ein M60A3 des 3rd Btl / 32nd Armored Regiment der US Army durchfährt während des Manövers Reforger 85 am 24. Januar 1985 den Ort Langgöns, Kreis Gießen, Hessen. (US DoD)

Ein M60A3 während einer Vorführung für ägyptische Militärs im Rahmen des Manövers Bright Star 83. Ägypten, 1983. (US DoD)

M60A3 während der Veranstaltung Tank Fest des britischen Panzermuseums Bovington am 30.Juni 2012. (Paul Appleyard)

M60A1 und A3 wurden zudem in insgesamt 23 Staaten exportiert. Neben NATO-Partnern wie Griechenland, Spanien und Türkei zählten dazu auch Österreich (170 Panzer, bis 1997 im Einsatz) und vor allem Staaten der arabischen Welt (u. a. Ägypten, Jordanien, Saudi-Arabien, Libanon) aber auch der Iran, Israel oder asiatische Verbündete der USA (z. B. Thailand, Taiwan). Auch 2018 betrieben noch zahlreiche Staaten den M60, die größten M60-Flotten finden sich Ägypten und der Türkei. Israel entwickelte aus dem M60 die *Magach*-Serie, auf denen auch der heutige von der Türkei verwendete M60T basiert (zu diesen Panzern siehe »Typenkompass Kampfpanzer ab 1970«). Auch Jordanien und der Iran haben ihre M60 mit Zusatzpanzerung, neuen FL-Anlagen und teils auch neuen BK modernisiert.

Im Mai 2016 stellte das US-Rüstungsunternehmen Raytheon ein als SLEP (Service Life Extension Program) bezeichnetes KWS-Paket für den M60A3 vor. Dieses beinhaltet u. a. die Ausrüstung mit einer 120-mm-Glattrohr BK M256, eine RWS auf dem Turmdach, einen leistungsgesteigerten Diesel mit 950 PS, ein modernes FL-System mit neuem WBG und einen elektrischen Turmschwenkantrieb. Der Schutz wird durch Kettenblenden und Zusatzpanzerung an der Wannenfront, Käfigpanzerung sowie die Möglichkeit zur Anbringung von reaktiver Panzerung verstärkt. (Raytheon)

Super M60

Teledyne Continental Motors entwickelte Anfang der 1980er Jahre den High Performance oder auch Super M60. Dazu rüstete die Firma einen M60A1 mit einem 1200 PS leistenden AVCR-1790-1B Dieselmotor und einem aus Deutschland stammenden Renk-Getriebe sowie einem hydropneumatischen Laufwerk aus, wodurch bis zu 74 km/h möglich wurden. Eine Zusatzpanzerung aus Stahl und Verbundelementen an Wannenfront und Turm sowie schwere Kettenschützen veränderten nicht nur das Äußere des M60 erheblich, sondern erhöhten auch den Schutz sowohl gegen Wucht- als auch gegenüber HEAT-Geschossen. So sollte die Turmfront gegen den Beschuss mit 125-mm-Munition sowjetischer Fertigung immun sein. Zudem konnten eine automatische Explosionsunterdrückungs- sowie eine neue ABC-Schutzanlage installiert werden. Eine digitale FL-Anlage mit Laser-EM und Restlichtverstärker oder WBG erhöhte gegenüber dem Ausgangsmodell M60A1 die Trefferwahrscheinlichkeit auch bei Nacht erheblich. Zudem wurde eine verbesserte Stabilisierungsanlage für die BK sowie ein System verbaut, mit dessen Hilfe sich der Panzer mittels seiner eigenen Abgase einnebeln kann. Für den Super M60 gingen jedoch keine Aufträge ein, daher wurde das Programm eingestellt.

Typ	Standardkampfpanzer Prototyp
Hersteller	Teledyne Continental
Gefechtsgewicht (kg)	56.300
Länge (mm)	7086 (Wanne)
Breite (mm)	4191
Höhe (mm)	2921 (Oberkante Kommandantenkuppel)
Motor	Continental AVCR-1790-1B, V12-Dieselmotor
Leistung (kW/PS)	883/1200
Leistungsgewicht (PS/t)	21,3
Höchstgeschwindigkeit (km/h)	74 (Straße)
Kraftstoffvorrat (l)	1420
Fahrbereich (km)	450 (Straße)
Besatzung	4
Bewaffnung	1 x 105-mm-BK M68 L/51, 1 x 7,62-mm-MG koaxial, 1 x 12,7-mm-M2HB-Fla-MG
Kampfsatz	63 x 105 mm, 900 x 12,7 mm, 5950 x 7,62 mm
Panzerung	Panzerstahl, 12,7–254 mm, Zusatzpanzerung aus Panzerstahl und Verbundmaterial
Furttiefe	1,22 m ohne, 4,1 m mit Vorbereitung

Diese Aufnahme des Super M60 entstammt einer von Teledyne Continental Motors herausgegebenen Werbebroschüre. (TCM)

M60-2000

Im August 2001 stellte General Dynamics Land Systems (GDLS), Hersteller des M1 Abrams, den M60-2000 oder auch 120S vor, der auf dem M60A3 basierte und auf Kunden wie Ägypten oder die Türkei abzielte, die große Mengen an M60 in ihrem Bestand hatten. Der M60-2000 verfügte über den Turm des M1A1, dessen FL-Anlage und 120-mm-Glattrohr-BK M256. Hinzu kamen schwere Kettenblenden und eine Zusatzpanzerung der oberen Wannenseiten. Um das gestiegene Gewicht zu kompensieren, wurden Fahrwerkselemente des M1A1 verbaut. Der Prototyp war mit dem 750-PS-Standardtriebwerk und -getriebe des M60 ausgerüstet, der Hersteller empfahl jedoch einen 1200-PS-Diesel des Typs AVDS-1790-9A (auch im Bergepanzer M88 und im israelischen Merkava zu finden) sowie das X-1100-5 Getriebe des M1. Eine Ausrüstung mit anderen Antriebssträngen war laut GDLS ebenfalls möglich. Die Türkei entschied sich jedoch schließlich für ein in Israel entwickeltes KWS-Paket für ihre M60 (siehe Typenkompass Kampfpanzer seit 1970), während Ägypten eine eigene Lösung favorisierte. Da sich auch keine anderen Kunden für den M60-2000 fanden, wurde das Programm schließlich eingestellt.

Typ	Standard Kampfpanzer Prototyp
Hersteller	General Dynamics Land Systems
Gefechtsgewicht (kg)	56.520
Länge (mm)	6950 (Wanne), 9547 mm (mit Rohr)
Breite (mm)	3772
Höhe (mm)	3250
Motor	Continental AVDS-1790-9A, V12-Dieselmotor
Leistung (kW/PS)	883/1200
Leistungsgewicht (PS/t)	22,85
Höchstgeschwindigkeit (km/h)	62 (Straße)
Kraftstoffvorrat (l)	1420
Fahrbereich (km)	440 (Straße)
Besatzung	4
Bewaffnung	1 x 120-mm-BK M256 L/44, 1 x 7,62-mm-MG M240 koaxial, 1 x 12,7-mm-M2HB-Fla-MG, 1 x 7,62-mm-Fla-MG M240
Kampfsatz	42 x 120 mm, 1000 x 12,7 mm, 11.400 x 7,62 mm
Panzerung	12,7–254 mm Panzerstahl, Zusatzpanzerung aus Panzerstahl und Verbundmaterial
Furttiefe	1,22 m ohne, 4,1 m mit Vorbereitung

Der M60-2000 (oder 120S) verband den Turm des M1 mit der Wanne des M60. (GDLS)

152 mm Gun-Launcher Main Battle Tank 70

Die USA und die BRD kamen im August 1963 überein, gemeinsam einen Panzer zu entwickeln. Das als Kampfpanzer 70 (KPz 70) bzw. *Main Battle Tank 70* (MBT 70) bezeichnete Fahrzeug sollte allen bisherigen Entwürfen technisch überlegen sein. Nachdem im Dezember 1963 ein Forderungskatalog veröffentlicht worden war, wurden die Jahre 1964 bis 1966 dazu genutzt, ein Konzept für einen Panzer zu erarbeiten, der beiden Partnern gerecht wurde. Dabei kollidierte die US-Forderung nach Panzerschutz mit dem deutschen Wunsch nach einem möglichst beweglichen Fahrzeug. Einig war man sich nur im Bezug auf hohe Feuerkraft.

Der erste US-Prototyp wurde im Juli 1967 vorgestellt, der deutsche Prototyp folgte im Oktober. Die Werkserprobungen wurden 1968 aufgenommen. Der Fahrer saß auf der linken Turmseite in einem Fahrstand, der sich automatisch in Fahrtrichtung ausrichten sollte – dies jedoch nicht immer tat, was zu Verwirrung führte. Neben seinen Winkelspiegeln verfügte der Fahrer auch über eine auf dem Wannenbug montierte TV-Kamera. Rechts im Turm waren Kommandant und Richtschütze untergebracht. Im Turmheck befand sich ein Ladeautomat (entworfen von Rheinmetall) für die 152-mm-Zugrohr-BK XM150E5, die konventionelle Munition sowie die PzAbwL-Rak MGM-51 *Shillelagh* verschoss. Ein in der Entwicklung befindliches APFSDS-Geschoss sollte genau so gute oder bessere Leistungen erzielen als das entsprechende Projektil der

Dieses Modell zeigt den abschließenden Entwurf des MBT-70. Man beachte die unabhängig drehbare Kommandantenoptik auf dem Turm, den IR-Zielscheinwerfer links der BK sowie die TV-Kamera auf dem Bug. (US Army)

Typ	Standardkampfpanzer Prototyp
Hersteller	General Motors Corporation (USA), DEG (Deutschland, u. a. Krauss-Maffei, Atlas-MaK, Wegmann, Rheinstahl-Henschel, Keller & Knappich)
Gefechtsgewicht (kg)	54.000 (2. Generation 1969: 50.400 kg)
Länge (mm)	7188 (Wanne), 9296 (mit Rohr)
Breite (mm)	3540 (ohne Kettenblenden)
Höhe (mm)	2964 (Oberkante Rundblickfernrohr)
Motor	MB 873 Ka500 bzw. TCM AVCR-1100
Leistung (kW/PS)	1103/1500 bzw. 1080/1470
Leistungsgewicht (PS/t)	27,8 bzw. 27,2
Höchstgeschwindigkeit (km/h)	72 (Straße)
Kraftstoffvorrat (l)	1514
Fahrbereich (km)	640 (Straße)
Besatzung	3
Bewaffnung	1 x 152-mm-Zugrohr-BK XM150E5 L/28,5 (oder 120-mm-Glattrohr-BK Rh L/44), 1 x 7,62-mm MG1/MG3 bzw. M73 koaxial, 1 x 20-mm-Flak RH202 bzw. M139 ausfahrbar im Turm, 2 x 4 Nebelwurfbecher
Kampfsatz	46 x 152 mm (44 mit GM-Ladeautomat), 750 x 20 mm, 6000 x 7,62 mm
Panzerung	Panzerstahl (zum Teil in Schottanordnung)
Furttiefe	1,22 m (mit Vorbereitung 2,23 m, mit Schnorchel 4,87 m)

105-mm-BK M68. Eine Version der XM150E5 mit kürzerem Lauf (XM81) wurde auch in M551 *Sheridan* und M60A2 verwendet. Das Magazin im Turmheck fasste 26 Schuss, weitere 20 Granaten waren im Fahrzeug an anderer Stelle untergebracht. Später wurde in den US-Prototypen ein von GM entworfener Ladeautomat verbaut, dessen Magazin nur noch 24 Schuss fasste. In Deutschland wurde auch der Einbau einer 120-mm-Glattrohr-BK erprobt, da Bedenken gegenüber dem komplexen FK-System auftraten. Koaxial war ein 7,62-mm-MG vorhanden, während links hinten im Turm eine in ca. drei Sekunden ausfahrbare, ferngesteu-

Übersicht über die interne Auslegung des MBT-70. Man beachte die ausgefahrene 20-mm-MK. Der MBT-70 verfügte über Schottpanzerung an der Wannenfront sowie an der Turmfront und den Turmseiten. (US Army)

Der Fahrer, hier in seiner Luke stehend, war beim MBT-70 im Turm untergebracht. (US Army)

erte, um 360° schwenkbare 20-mm-MK zur Flugabwehr installiert war. Die Bewaffnung war vollstabilisiert. Als erster Panzer überhaupt verfügte der KPz-70 über eine digitale FL-Anlage und einen Laser-EM. Da das Laufwerk hydropneumatisch war, vermochte der Panzer sogar während der Fahrt die Wanne anzuheben oder abzusenken. Der KPz-70 wurde frontal durch eine Schottpanzerung geschützt, die dem Beschuss mit 105-mm-APDS-Munition auf 800 m Entfernung widerstand. Eine 15–20 cm starke Auskleidung mit Polyethylen diente dem Schutz vor radioaktiver Strahlung, hinzu kamen eine ABC-Schutz-, eine Klima- und eine Explosionsunterdrückungsanlage. Links neben der BK war ein IR-Scheinwerfer installiert, es kamen aber auch Restlichtverstärker zum Einbau. Die US-Prototypen wurden von Vielstoffmotoren des Typs ACVR-1100 mit variablem Kompressionsverhältnis und zweistufiger Aufladung angetrieben, die Bundesrepublik bevorzugte einen von Daimler-Benz (später MTU) entwickelten Motor MB 873 Ka-500 mit zwei Abgasturboladern und Ladeluftkühlung, wie er auch im späteren Leopard 2 zum Einsatz kommen sollte. In beiden Varianten wurde jedoch das von Renk konstruierte Getriebe HSWL 354 verwendet, das sich ebenfalls später beim Leopard 2 wiederfand.

Insgesamt wurden je sieben Fahrzeuge in den USA und der Bundesrepublik gefertigt. Der letzte deutsche Prototyp zählte 1969 zur zweiten Generation, welche Kettenblenden, ein modifiziertes Laufwerk und weitere Detailänderungen aufwies sowie anstelle von 54 t nur noch 50,4 t auf die Waage brachte. Der KPz 70 war ein enorm fortschrittliches Fahrzeug, doch all diese Innovationen hatten ihren Preis. Im Sommer 1969 zog sich die Bundesrepublik aufgrund der explodierenden Kosten sowie der technischen Probleme aus dem Programm zurück. Neben den Schwierigkeiten mit dem Fahrstand machten u. a. das Fahrwerk, die Hauptwaffe und der Rheinmetall-Ladeautomat Ärger (die USA installierten daher eine bei GM gebaute Anlage). Hinzu kamen Schwierigkeiten die Konstruktionsarbeiten in beiden Ländern zu koordinieren. Nicht nur, das es Sprach-

Der fünfte US-Prototyp des MBT-70. Man beachte den fehlenden IR-Zielscheinwerfer. (US Army)

probleme gab, es war auch schwierig, sich darüber zu einigen, ob das metrische oder das angelsächsische Maßsystem (Zoll, Fuß) Verwendung finden sollte. Man einigte sich nach monatelangen Verhandlungen schließlich darauf, dass jeder Partner für die im eigenen Land gefertigten Komponenten sein eigenes Maßsystem verwenden, die Anschlüsse/Schnittstellen zwischen diesen jedoch metrisch sein sollten.

In den USA wurde noch bis 1972 am weniger komplexen XM803 gearbeitet (siehe dort), während in Deutschland die Entwicklung des Leopard 2 begann.

Seitenansicht des US-Prototypen Nummer zwei. (Radek Pancartek)

152 mm Gun-Launcher Tank XM803

Nach dem offiziellen Ende des MBT-70-Programms in den USA im Januar 1970 konzentrierte sich das GM-Entwurfsteam auf die Schaffung einer günstigeren und weniger komplexen Version. Sämtliche deutschen Komponenten wurden durch US-Teile ersetzt, andere Teile vereinfacht oder schlicht entfernt.
Die auffälligste Änderung war sicher der Wegfall der ausfahrbaren 20-mm-Flak, die nun durch eine auf dem Turmdach installierte RWS (Remote Weapon Station) mit einem von richt- und bedienbaren 12,7-mm-MG ersetzt wurde. Zwar blieb der Fahrer im Turm, der Kommandant konnte nun jedoch im Notfall nicht mehr dessen Aufgabe übernehmen.
Die ohnehin nur schwierig zu öffnende Notausstiegsluke am Wannenboden entfiel und der Vielstoffmotor des Typs ACVR-1100 wurde auf 1250 PS gedrosselt, um seine Zuverlässigkeit zu erhöhen. Der Einbau einer 1500 PS leistenden Gasturbine AGT-1500 wurde für einen späteren Zeitpunkt erwogen. Der beim MBT-70 links am Turm installierte Transmitter für die Lenksignale der *Shillelagh*-FK befand sich nun auf dem Rohr der Hauptwaffe und aufgrund der Erfahrungen mit dem M551 Sheridan in

Typ	Standardkampfpanzer Prototyp
Hersteller	General Motors Corporation (USA)
Gefechtsgewicht (kg)	51.710
Länge (mm)	7315 (Wanne), 9385 (mit Rohr)
Breite (mm)	3696 (mit Kettenblenden)
Höhe (mm)	3244 (mit Fla-MG)
Motor	TCM AVCR-1100-3, V12-Dieselmotor
Leistung (kW/PS)	919/1250
Leistungsgewicht (PS/t)	24,17
Höchstgeschwindigkeit (km/h)	64 (Straße)
Kraftstoffvorrat (l)	1514
Fahrbereich (km)	640 (Straße)
Besatzung	3
Bewaffnung	1 x 152-mm-Zugrohr-BK XM150E5 L/27,5, 1 x 7,62-mm MG M73 koaxial, 1 x 12,7-mm-MG M85 auf dem Turm, 2 x 4 Nebelwurfbecher
Kampfsatz	50 x 152 mm, 900 x 12,7 mm, 6000 x 7,62 mm
Panzerung	Panzerstahl (zum Teil in Schottanordnung)
Furttiefe	1,22 m (Mit Vorbereitung 2,23 m, mit Schnorchel 4,87 m)

Der Prototyp des XM803. Auf dem hinteren Turmdach befinden sich Testgeräte. (US Army)

Der XM803-Prototyp befand sich 2007 noch als Ausstellungsstück in Fort Knox, Kentucky. (via Mark Holloway)

Vietnam wurde eine CBSS-Anlage (Closed Breech Scavenging System) verbaut, welche dafür sorgte, dass Reste der verbrennbaren Hülsen noch bei geschlossenem Verschluss komplett nach außen ausgeblasen wurden. Im Turmheck war ein von GM konstruierter Ladeautomat mit 24-Schuss-Magazin verbaut, 26 weitere Projektile waren im Panzer verstaut. Wie der MBT-70 war der XM-803 vollständig ABC geschützt und verfügte über ein elektronisches FL-System. Allerdings wies der XM-803 veränderte Optiken, einen IR-Zielscheinwerfer und ein vereinfachtes hydropneumatisches Laufwerk, bei dem nicht mehr alle Laufradpaare einzeln ansprechbar waren, sowie weitere Detailänderungen auf. Seitenschürzen sollten das obere Laufwerk schützen und zudem die Verringerung der unteren Seitenpanzerung erlauben. Insgesamt gelang es so, die Kosten pro Fahrzeug um rund 30% zu reduzieren.

Obwohl wohl zwei Prototypen geplant waren, wurde 1971 nur einer fertiggestellt und erprobt. Die mit dem M551-Sheriadan und dem M60A2 gemachten Erfahrungen in Bezug auf das *Shillelagh*-FK-System führten dazu, dass die Army nun eher eine konventionelle BK bevorzugte. In Kombination mit immer noch zu hohen Kosten führte dies dazu, dass der US-Kongress im Dezember 1971 die Einstellung des Programms empfahl, was am 30. Juni 1972 schließlich auch offiziell geschah. Dennoch wurde der XM-803 zusammen mit einigen MBT-70-Prototypen noch weiter getestet, um im Rahmen der Entwicklung eines neuen Kampfpanzers Daten zu gewinnen.

105 mm Gun Tank XM1 (General Motors)

Nachdem der Versuch, mit dem MBT-70 bzw. dem XM803 einen Nachfolger für den M60 zu finden, gescheitert war, rief die US Army im Februar 1972 die »Main Battle Tank Task Force« (MBTTF, etwa Arbeitsgruppe Kampfpanzer) ins Leben, welche die Anforderungen für einen neuen Kampfpanzer erarbeiten sollte. Aufgrund der Erfahrungen mit dem MBT-70 wurde eine Obergrenze von 507.790 US-$ pro Fahrzeug festgelegt, zudem sollte der zunächst als XM815 bezeichnete Panzer mit einer konventionellen 105-mm-Zugrohr-BK bewaffnet, zwischen 46 und 52 t (später 54 t) schwer und mit vier Mann besetzt sein. Auf einen Ladeautomaten, ein hydropneumatisches Laufwerk und eine Unterbringung des Fahrers im Turm sollte verzichtet werden.

Um die Arbeiten zu beschleunigen, wurden zudem schon früh die General Motors Corporation (GM) sowie Chrysler eingeschaltet, um erste Konzepte zu entwerfen.

GM wurde dabei zunächst damit beauftragt, zu überprüfen, in wie weit Elemente des XM803 in den Entwurf eines neuen Kampfpanzers einfließen konnten.

Nachdem GM im Oktober 1972 erste Entwürfe vorgestellt hatte, erhielt das Unternehmen am 28. Juni 1973 den Auftrag zum Bau eines Prototypen. Um zu verdeutlichen, dass eine völlig neue Ära des US-Panzerbaus begonnen hatte, wurde das Programm mittlerweile als XM1 bezeichnet. Der GM-Entwurf sah ein recht konventionelles Fahrzeug mit einem 1500-PS-Diesel AVCR-1360 vor. Der Fahrer saß vorn links in der Wanne, drei Mann befanden sich im Turm (Kommandant und Richtschütze links, Ladeschütze rechts). Das Fahrzeug wurde frontal durch eine Mehrschichtpanzerung (Stahl-Siliziumdioxid-Stahl) geschützt. Die Hauptbewaffnung bestand aus einer vollstabilisierten 105-mm-BK M68, deren Munition in separaten Behältern im Turmheck sowie neben

Modell des ursprünglichen GM-Entwurfes des XM1. Man beachte die seitliche 25-mm-MK. (US Army)

Typ	Standardkampfpanzer Prototyp
Hersteller	General Motors Corporation
Gefechtsgewicht (kg)	53.070
Länge (mm)	7772 (Wanne), 9703 (mit Rohr)
Breite (mm)	3645 (mit Kettenblenden)
Höhe (mm)	2870 (mit Fla-MG)
Motor	TCM AVCR-1360-3, V12-Vielstoffmotor
Leistung (kW/PS)	1103/1500
Leistungsgewicht (PS/t)	28,26
Höchstgeschwindigkeit (km/h)	77 (Straße)
Kraftstoffvorrat (l)	1567
Fahrbereich (km)	442 (Straße)

Besatzung	4
Bewaffnung	1 x 105-mm-Zugrohr-BK M68, 1 x 7,62-mm MG M68 L/51 koaxial, 1 12,7-mm-MG M85 und 1 x 40-mm-Granatwerfer XM175 oder 1 x 7,62-mm MG M60D auf dem Turm, 2 x 4 Nebelwurfbecher
Kampfsatz	55 x 105 mm, ? x 12,7 mm, 250 x 40 mm, 8900 x 7,62 mm (M240), 1100 x 7,62 mm (M60D)
Panzerung	Verbundpanzerung, Panzerstahl
Furttiefe	1,22 m (mit Vorbereitung 2,28 m)

dem Fahrer untergebracht war. Anstelle eines koaxialen MG war links am Turm extern eine 25-mm-Bushmaster-MK installiert. Die FL-Anlage war elektronisch und verfügte über Laser-EM sowie Restlichtverstärker. Das Fahrwerk besaß sechs Laufradpaare, die ersten beiden und letzten waren hydropneumatisch, die restlichen per Torsionsstab gefedert. Im Juli 1973 erhielten GM, Chrysler und die US Army jedoch Zugang zur hochwirksamen, in Großbritannien entwickelten Chobham-Verbundpanzerung. Zusammen mit der Auswertung der Daten aus dem Jom-Kippur-Krieg vom Oktober 1973 führte dies zu erheblichen Veränderungen am Entwurf. So wurden Turmfront und Seiten wesentlich stärker abgeschrägt. Wannen- und Turmfront erhielten zudem die britische Verbundpanzerung. Die seitlich lafettierte 25-mm-MK entfiel. An deren Stelle kam nun ein koaxiales 7,62-mm-MG zum Einbau. Der vollständige Prototyp wurde ab dem 31. Januar 1976 auf dem APG zusammen mit dem Chrysler-Entwurf erprobt. Beide Panzer wurden am 3. Februar 1976 gemeinsam der Öffentlichkeit vorgestellt und beendeten die Testphase am 7. Mai 1976.

Der tatsächliche GM-Prototyp des XM1 während seiner Erprobung. (US Army)

105 mm Gun Tank XM1 (Chrysler)

Typ	Standardkampfpanzer Prototyp
Hersteller	Chrysler
Gefechtsgewicht (kg)	52.617
Länge (mm)	7722 (Wanne), 9843 (mit Rohr)
Breite (mm)	3556 (mit Kettenblenden)
Höhe (mm)	2845 (mit Fla-MG)
Motor	Acvo-Lycoming (später Honeywell) AGT 1500
Leistung (kW/PS)	1103/1500
Leistungsgewicht (PS/t)	28,5
Höchstgeschwindigkeit (km/h)	75 (Straße)
Kraftstoffvorrat (l)	1893
Fahrbereich (km)	442 (Straße)
Besatzung	4
Bewaffnung	1 x 105-mm-Zugrohr-BK M68, 1 x 7,62-mm MG M68 L/51 koaxial, 1 12,7-mm-MG M85 und 1 x 40-mm-Granatwerfer XM175 oder 1 x 7,62-mm MG M60D auf dem Turm, 2 x 4 Nebelwurfbecher
Kampfsatz	40 x 105 mm, 1092 x 12,7 mm, 250 x 40 mm, ? x 7,62 mm (M240), 1600 x 7,62 mm (M60D)
Panzerung	Verbundpanzerung, Panzerstahl
Furttiefe	1,22 m (mit Vorbereitung 2,28 m)

Im Zuge der Entwicklung des zunächst XM815 und dann XM1 genannten neuen Kampfpanzers erhielt Chrysler am 28. Juni 1973 den Auftrag einen Prototypen zu bauen. Der Chrysler-Prototoyp wurde ab Ende Januar 1976 auf dem APG erprobt und glich dem GM-Entwurf in einer Reihe von Punkten – nicht nur äußerlich. So bestand die Bewaffnung aus einer 105-mm-Zugrohr-BK M68, die zunächst als koaxiale Bewaffnung vorgesehene 25-mm-MK war im Laufe der Entwicklung durch ein 7,62-mm-MG ersetzt worden und den Frontbereich von Wanne und Turm schützte eine Verbundpanzerung des Typs Chobham. Die vierköpfige Besatzung bestand aus dem Fahrer (mittig vorn in der Wanne), dem Ladeschützen (links im Turm) sowie dem Kommandanten und dem Richtschützen (beide rechts im Turm). Die FL-Anlage basierte auf jener des M60A3 und war mit Laser-EM, digitalem Rechner und einer frühen Form von WBG ausgerüstet.

Es gab jedoch auch erhebliche Unterschiede. So hatte sich Chrysler anstelle eines Diesels für eine 1500-PS-Gasturbine entschieden. Versuche hatten nämlich ergeben, dass die Turbine zuverlässiger als vergleichbare Dieselmotoren arbeitete, bei niedrigeren Temperaturen besser ansprang, leichter und kompakter war und zudem mit einer größeren Vielzahl an Kraftstoffen betrieben werden konnte. Hinzu kam, dass die Turbine keinen Rauch produzierte und ein Entwicklungspotenzial für eine Leistung von bis zu 2000 PS versprach. Ihr kompaktes Design erlaubte das gesparte Gewicht in stärkere Panzerung umzusetzen. Der größte Nachteil der Turbine war ihr hoher Kraftstoff- und Luftverbrauch. Da die Turbine jedoch kompakter als ein Dieseltriebwerk war, ging Chrysler davon aus, diese Nachteile durch die Verwendung größerer Tanks und Luftfilter ausgleichen zu können. Das Laufwerk bestand aus sieben an Torsionsstäben aufgehängten Laufrollen pro Seite und wurde zum Teil durch schwere Kettenblenden geschützt. Der Kampfsatz bestand aus 55 105-mm-Geschossen, die zu einem großen Teil in gepanzerten Behältern mitgeführt wurde. 44 Schuss wurden in einem Bunker im Turmheck aufbewahrt, der zum Kampfraum hin durch ein Panzerschott

Der Chrysler Prototyp des XM1 während seiner Erprobung in Yuma, Arizona. (US Army)

abgetrennt war und nach oben hin sogenannte »Ausblassklappen« (*blow out panels*) aufwies, sodass die Wucht einer Munitionsexplosion bei einem Treffer nach oben und außen abgeleitet werden sollte. Weitere acht Geschosse lagerten hinter dem Motorraumschott im rechten Teil der Wanne und waren über eine gepanzerte Tür zugänglich. Wie beim Munitionsbunker im Turm waren dort Ausblaßklappen Im Wannendach und -boden vorhanden. Drei weitere 105-mm-Granaten in Kevlarbehältern befanden sich auf dem Boden des Drehturms.

Während der gemeinsamen Erprobung mit dem GM-Entwurf zeigten beide Prototypen praktisch gleiche Leistungen, allerdings war das Beschleunigungsverhalten der Chrysler-Konstruktion besser. Zusammen mit einem geringeren Stückpreis führte dies dazu, dass Chrysler am 12. November 1976 zum Sieger des XM1-Programms erklärt wurde.

105 mm Gun Tank M1 Abrams

Nachdem Chrysler zum Sieger des XM1-Wettbewerbs gekürt worden war, erhielt das Unternehmen den Auftrag zum Bau von elf weiteren Prototypen (Full Scale Engeneering Development), in deren Konstruktion die Ergebnisse der vorhergegangenen Erprobung mit einfließen sollten. Dazu gehörte z. B. eine neue Blende für die 105-mm-BK. Das erste dieser Fahrzeuge wurde im Februar 1978 ausgeliefert. Obwohl es erhebliche Probleme mit den Gasturbinen und ihren Luftfiltern gab und es nicht selten vorkam, dass die Panzer ihre Ketten abwarfen, genehmigte das Pentagon am 7. Mai 1979 den Bau von 110 M1. Die ersten beiden dieser Fahrzeuge wurden am 28. Februar 1980 der Truppe übergeben und der Typ dabei auf den Namen Abrams (nach General Creighton Adams, der die Entstehung des Typs maßgeblich beeinflusst hatte) getauft. Diese 110 waren zunächst als Vorserienfahrzeuge (Low Initial Rate Production – LIRP) gedacht und nahmen ab März 1980 ihre Erprobung auf. Im Februar 1981 wurde Chrysler schließlich damit beauftragt insgesamt 7058 M1 zu bauen.

Der M1 war der erste westliche Serienkampfpanzer, bei dem eine Verbundpanzerung (hier der in Großbritannien entwickelte Typ Chobham) zum Einsatz kam. Diese damals neuartige Schichtpanzerung schützt die Wannenfront und den Turm des M1 erheblich wirkungsvoller gegen Wucht- und HL-Geschosse als konventioneller Panzerstahl und verleiht dem Panzer sein typisches kantiges Aussehen. Die Wannenseiten und das Stützrollenlaufwerk (mit sieben, an Drehstäben befestigten Laufrädern) werden durch schwere Kettenblenden geschützt. Die Bewaffnung des M1 bestand ursprünglich aus der 105-mm-Zugrohr-BK M68, der US-Lizenversion der britischen L7, wie sie auch im M60, der späten Version des Centurion oder im Leopard 1 zu finden war. Der Turm wurde jedoch von vornherein darauf ausgelegt auch mit der deutschen 120-mm-Glattrohr-BK des Leopard 2 ausgestattet zu werden. Die Sekundärbewaffnung besteht aus einem koaxialen 7,62-mm-MG sowie einem 12,7-mm-MG auf der Kommandanten- und einen 7,62-mm-MG auf der

Ein M1-Vorserienfahrzeug während einer Vorführung in Fort Knox, Kentucky, 1979. (US DoD)

Typ	Standardkampfpanzer
Hersteller	General Dynamics Land Systems
Gefechtsgewicht (kg)	55.700
Länge (mm)	7920 (Wanne), 9770 (mit Rohr)
Breite (mm)	3657 (mit Schürzen)
Höhe (mm)	2370 (Oberkante Turm)
Motor	Honeywell AGT 1500C Gasturbine
Leistung (kW/PS)	1103/1500
Leistungsgewicht (PS/t)	26,93
Höchstgeschwindigkeit (km/h)	72 (Straße)
Kraftstoffvorrat (l)	1908
Fahrbereich (km)	500

Besatzung	4
Bewaffnung	1 x 105-mm-BK M68A1 L/52, 1 x 7,62-mm-MG M240 koaxial, 1 x 12,7-mm-MG M2HB und 1 x 7,62-mm-MG M240 auf dem Turm, 2 x 6 Nebelwurfbecher
Kampfsatz	55 x 105 mm, 900 x 12,7 mm, 11.400 x 7,62 mm
Panzerung	Panzerstahl und Verbundpanzerung (Wannen- und Turmfront entspr. 700 mm gegen HEAT- und 400 mm gegen APFSDS-Geschosse)
Furttiefe	1,22 m ohne, 1,98 m mit Vorbereitung

Ladeschützenluke. Erstmals jedoch ist die BK-Munition in zwei Bunkern im Turmheck (44 Schuss) und hinter dem Motorraumschott (8 Schuss) untergebracht, die durch Panzertüren vom Kampfraum getrennt sind. Diese Munitionsbunker verfügen zudem an der Oberseite (der Bunker in Wanne auch auf der Unterseite) über Ausblasklappen (blow out panels), die im Falle einer Treibladungsdetonation die Explosion vom Besatzungsraum wegleiten sollen. Nur drei 105-mm-Granaten werden, in Kevlarbehältern verpackt, am Turmboden verstaut. Ein weiteres Novum des Abrams ist seine Gasturbine, die zwar sehr kompakt und wartungsfreundlich ist und dem Fahrzeug eine hohe Mobilität verleiht, zugleich jedoch aufgrund ihrer heißen Abgase eine deutliche IR-Signatur besitzt und erhebliche Mengen staubfreier Luft benötigt, was die Luftfilter vor enorme Aufgaben stellt. Größ-

Ein M1-Vorserienfahrzeug während seiner Erprobung in Fort Knox 1979. (US DoD)

ter Nachteil des 1500-PS-Triebwerks ist jedoch sein »Durst«, bei Tests der schwedischen Streitkräfte 1993 verbrauchte der M1 rund doppelt soviel Treibstoff wie der Leopard 2. Die Besatzungsanordnung ist konventionell (Richtschütze und Kommandant rechts im Turm, Ladeschütze links), allerdings befindet sich der Fahrer bei geschlossener Luke aufgrund der geringen Wannenhöhe in einer fast liegenden Position. Für Nachtfahrten verfügt er über einen Restlichtverstärker. Die digitale FL-Anlage des M1 mit stabilisierter Optik, Laser-EM und Querwindsensor ermöglicht die Bekämpfung von Zielen auch während der Fahrt. Zum Auffassen von Zielen bei schlechter Sicht oder Dunkelheit steht ein WBG zur Verfügung. Neben Nebelwurfbechern verfügte der Abrams auch über die Fähigkeit sich durch das Einspritzen von Diesel in die Abgasanlage einzunebeln. Nach der Einführung des Treibstoffs JP8 war diese jedoch nicht mehr möglich. Ab 1984 wurde der M1 mit einer stärkeren Turmfrontpanzerung und einem Staukasten am Turmheck versehen, die Bezeichnung dieser Variante lautet M1 IP (Improved Protection – Verbesserter Schutz).

Ein früher M1 Abrams, aufgenommen im Anniston Army Depot, Alabama. (US Army)

Ein M1A1 Abrams der 3rd Brigade, 1st Armored Division, 7th Corps der US Army in der kuwaitischen Wüste während der Operation Desert Storm 1991. (US DoD)

120 mm Gun Tank M1A1

Ab August 1985 löste die Version M1A1 den M1 auf den Fertigungsbändern ab. Markantestes Unterscheidungsmerkmal dieser Version ist die 120-mm-Glattrohr-BK M256 (Lizenzbau der deutschen Rheinmetall BK L/44 des Leopard 2). Die ersten beiden Prototypen dieser Version, noch M1E1 genannt, waren ab März 1981 erprobt worden.
Obwohl der M1A1 dem Basismodell äußerlich gleicht, verfügt er über zahlreiche Detailmodifikationen, so verringert sich der Kampfsatz von 55 auf 40 Schuss für die Hauptwaffe. Die gesamte 120-mm-Munition ist nun in geschützten Bunkern im Turmheck (34 Granaten) bzw. im rechten Wannenteil (6 Granaten) hinter dem Motorraumschott untergebracht. Zudem kam z. B. ein neues ABC-Schutzsystem, das zugleich als Klimaanlage und Heizung dient, ein überarbeitetes Getriebe, ein von innen richt- und abfeuerbares 12,7-mm-Fla-MG sowie veränderte Kettenblenden zum Einbau. Viele M1 und M1 IP wurden später auf den Stand der Version A1 nachgerüstet.
Unter der Bezeichnung M1A1 HA (Heavy Armor – Schwere Panzerung) wurde die Panzerung der Version A1 ab 1988 mit abgereichertem Uran (DU – Depleted Uranium) verstärkt, spätere Fahrzeuge dieser Variante (inoffiziell auch HA+ genannt) weisen eine verstärkte Uranschicht auf. Basierend auf der Ausführung HA+ entstand eine Version für das US Marine Corps, die tiefwatfähig ist und ein Navigationssystem sowie einen verbesserten Korrosionsschutz besitzt. Ab dem Jahr 2000 wurden zahlreiche M1A1 grundüberholt und in einen praktisch fabrikneuen Zustand versetzt. Dabei wurden die unterschiedlichen Standards einander angeglichen (u. a. Verstärkung der Panzerung) und neue Systeme eingebaut, wie z. B. eine digitalisierte Kommunikationsausrüstung, und ein eigenes WBG für das 12,7-mm-MG des Kommandanten. Um den Treibstoffverbrauch im Stand zu senken, kann am Heck optional ein Stromerzeugungsaggregat angebracht werden. Die Bezeichnung für derartig überarbeitete Panzer ist M1A1 AIM (Abrams Integrated Management).
M1A1, die seit dem Jahr 2000 mit dem digitalen Gefechtsfeldführungs- und Informationssystem des M1A2 ausgestattet wurden, werden M1A1D genannt.

Hersteller	General Dynamics Land Systems	**Kampfsatz**	40 x 120 mm, 900 x 12,7 mm, 11.400 x 7,62 mm
Gefechtsgewicht (kg)	57.000	**Panzerung**	Panzerstahl und Verbundpanzerung (M1A1: Wannenfront entspr. 800 mm gegen HEAT- und 490 mm gegen APFSDS-Geschosse, Turmfront entspr. 920 mm gegen HEAT und 450 mm gegen APFSDS-Geschosse M1A1HA: 800 mm gegen HEAT- und 590 mm gegen APFSDS-Geschosse, Turmfront entspr. 1320 mm gegen HEAT und 680 mm gegen APFSDS-Geschosse)
Länge (mm)	7920 (Wanne), 9770 (mit Rohr)		
Breite (mm)	3657 (mit Schürzen)		
Höhe (mm)	2370 (Oberkante Turm)		
Motor	Honeywell AGT 1500C Gasturbine		
Leistung (kW/PS)	1103/1500		
Leistungsgewicht (PS/t)	26,32		
Höchstgeschwindigkeit (km/h)	68 (Straße)		
Kraftstoffvorrat (l)	1908		
Fahrbereich (km)	500		
Besatzung	4		
Bewaffnung	1 x 120-mm-BK M256 L/44, 1 x 7,62-mm-MG M240 koaxial, 1 x 12,7-mm-MGH M2 und 1 x 7,62-mm-MG M240 auf dem Turm, 2 x 6 Nebelwurfbecher	**Furttiefe**	1,22 m ohne, 1,98 m mit Vorbereitung

Im Irakkrieg 1991 erwiesen sich die dort eingesetzten Abrams (fast nur Panzer der Version M1A1) den gegnerischen T-55, T-62, T-72 und Typ 69 als weit überlegen. Dank ihrer WBG konnten die M1A1 den Gegner auch bei Nacht und schlechter Sicht ausmachen und bereits auf eine Entfernung von über 2500 m vernichten. Von den rund 1800 eingesetzten Abrams wurden nur wenige überhaupt von kungslos abprallte. Insgesamt wurden nur 23 Abrams beschädigt, davon neun so schwer, dass sie abgeschrieben werden mussten. Von diesen neun wurden sieben durch andere M1 beschossen und zwei zerstört, um sie nicht feindlichen Truppen in die Hände fallen zu lassen. Nur ein einziges M1-Besatzungsmitglied fiel im Kampf.

»Sinister Minister« ist ein M1A1HA des USMC (2nd Platoon, 2nd Marine Tank Battalion, 1st Marine Division). Operation Iraqi Freedom, Irak, 2003. (Vincent Bourguignon)

Ein M1A1HA des 1st Battalion, 37th Armored Regiment (»Bandits«) der US Army am 11. Februar 2005 im Hochtaunus im Rahmen der Übung Ready Crucible. (US DoD)

M1A1HA des USMC während der Übung Cold Response, Norwegen, 16. Januar 2016. (US DoD)

120 mm Gun Tank M1A2

Beginnend mit dem Jahr 1992 wurde die Fertigung auf die Version M1A2 umgestellt, die sich äußerlich von ihren Vorgängerversionen vor allem durch die unabhängig drehbare Kommandantenoptik mit WBG (Commander's Independent Thermal Viewer – CITV) unterscheidet, mit deren Hilfe der Kommandant unabhängig von der Turmstellung nach Zielen suchen und sie dem Richtschützen zuweisen kann. Des Weiteren wurde der M1A2 mit einem digitalen Gefechtsfeldführungs- und Informationssystem ausgerüstet, das den Datenaustausch mit anderen derartig ausgerüsteten Fahrzeugen erlaubt. Um den Treibstoffverbrauch im Stand zu senken, kann am Heck ein Stromerzeugungsaggregat angebracht werden. Zuvor musste die Turbine zur Aufrecherhaltung der Stromversorgung auch bei Stillstand des Panzers weiterlaufen. Zusätzlich wurden das elektrische System, die FL-Anlage, die WBG, das Munitionsmagazin im Turmheck und nicht zuletzt auch noch einmal die Panzerung verbessert. Die eigentliche Fertigung des M1A2 endete bereits 1996, bis heute werden jedoch im Zuge von Generalüberholungen ältere Varianten auf diesen Standard gebracht.

Das Modell M1A2 SEP (System Enhancement Program – System Verbesserungsprogramm) verfügt neben einer verstärkten Panzerung auch über ein neues WBG für den Kommandanten und einen neuen Laser-EM. Vor allem aber wurde eine erhebliche Leistungssteigerung des bordeigenen Computersystems vorgenommen. Neben 240 neuen M1A2 SEP wurden 300 M1A2, 400 M1A1 und eine unbekannte Anzahl alter M1/M1 IP auf diesen Stand umgerüstet.

Während des Irakkrieges 2003 bot sich ein ähnliches Bild wie 1991, zwar gelang es den Irakern einige wenige M1A1 und A2 bewegungsunfähig zu machen, sodass diese von eigenen Truppen zerstört wurden, um sie nicht in feindliche Hände fallen zu lassen, ein tatsächlicher Abschuss eines Abrams gelang jedoch nicht. Allerdings fielen bis zum Ende des Einsatzes im Irak im Jahre 2011 einige Dutzend M1 den Aufständischen zum Opfer, vor allem mittels improvisierter Sprengfallen (IED), wobei auch eine Reihe von Besatzungsmitgliedern getötet wurde.

Seit August 2006 beschafften die US-Streitkräfte daher 505 sogenannte TUSK (Tank Urban

Der US-Senator für Texas, Ted Cruz, auf einem M1A2 Abrams des 1st Battalion, 37th Armor Regiment, 2nd BCT, 1st Armored Division der US Army. Nahe Orogrande, New Mexico, 9. August 2016. (US DoD)

Survival Kit) Rüstsätze, welche innerhalb von rund 12 Stunden angebracht werden können und die Überlebensfähigkeit im bebauten Gelände erhöhen sollen. Dabei ist zwischen den Rüstsätzen TUSK I und II zu unterschieden. Variante I ist sowohl für M1A1 als auch für M1A2 SEP gedacht, während TUSK II nur für die Versionen M1A2 SEP zugeschnitten ist. Zu TUSK I gehören u. a. eine reaktive Zusatzpanzerung an den Kettenblenden (ARAT I – Abrams Reactive Armor Tiles). Diese 64 ERA-Blöcke des Typs XM19 basieren auf der Reaktivpanzerung des Schützenpanzers Bradley und schützen gegen HL-Geschosse. Eine zunächst geplante Käfigpanzerung im Heckbereich wurde fallengelassen. Am Wannenboden wurde ein Minenschutz (Abrams Belly Armor) installiert und der Fahrersitz vom Fahr-

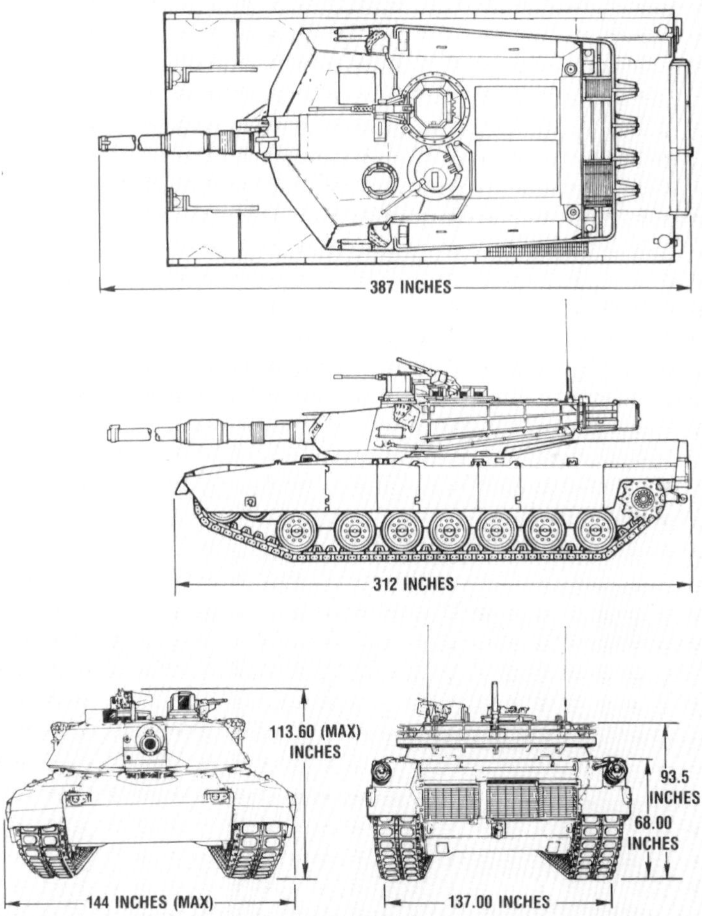

Vier-Seiten-Ansicht des M1A2. (GDLS via Richard S. Eshleman)

Hersteller	General Dynamics Land Systems
Gefechtsgewicht (kg)	63.100
Länge (mm)	7920(Wanne), 9830 (mit Rohr)
Breite (mm)	3657 (mit Schürzen)
Höhe (mm)	2370 (Oberkante Turm), 2885 (über alles)
Motor	Honeywell AGT 1500C Gasturbine
Leistung (kW/PS)	1103/1500
Leistungsgewicht (PS/t)	23,77
Höchstgeschwindigkeit (km/h)	68 (Straße)
Kraftstoffvorrat (l)	1908
Fahrbereich (km)	425
Besatzung	4
Bewaffnung	1 x 120-mm-BK M256 L/44, 1 x 7,62-mm-MG M240 koaxial, 1 x 12,7-mm-MG M2 und 1 x 7,62-mm-MG M240 auf dem Turm, 2 x 6 Nebelwurfbecher
Kampfsatz	Panzerstahl und Verbundpanzerung
Panzerung	(M1A2: Wannenfront entspr. 1050 mm gegen HEAT- und 625 mm gegen APFSDS-Geschosse, Turmfront entspr. 1620 mm gegen HEAT und 900 mm gegen APFSDS-Geschosse M1A2SEP: Wannenfront 1050 mm gegen HEAT- und 625 mm gegen APFSDS-Geschosse, Turmfront entspr. 1620 mm gegen HEAT und 960 mm gegen APFSDS-Geschosse)
Furttiefe	1,22 m ohne, 1,98 m mit Vorbereitung

zeug entkoppelt, wie es z.B auch bei Leopard 2A6 der Fall ist. Neben einem neuen WBG für den Kommandanten erhielten nun auch Fahrer und Ladeschütze ein WBG. Das 7,62-mm-MG des Ladeschützen und teils auch das MG des Kommandanten wurden mit einem Schutzschild versehen. Auf dem Rohr der 120-mm-BK wurde eine Lafette für ein 12,7-mm-MG M2HB sowie ein Suchscheinwerfer installiert. Eine Außenbordsprechstelle (Tank Infantry Phone – TIP) ermöglicht begleitender Infanterie mit der Panzerbesatzung zu sprechen und zum Teil kam eine Rückfahrkamera zum Einbau.
TUSK II besteht u. a. aus der Reaktivpanzerung ARAT II. Diese ähnelt Dachziegeln (Bezeichnung XM32) und wird seitlich über den XM19-Blöcken an den Kettenblenden sowie

Frontansicht eines M1A2. Das eindeutige Erkennungsmerkmal der Version A2 ist die unabhängig drehbare Kommandantenoptik vor der Ladeschützenluke. (GDLS via Richard S. Eshleman)

für sich allein an den Turmseiten angebracht. Die XM32-Elemente sind dabei leicht zum Boden hin abgewinkelt und sollen auch gegen IEDs wirksam sein. Standardmäßig gehört zu TUSK II ein Rundum-Schutzschild für den Kommandanten sowie eine Rückfahrkamera mit WBG. Das zukünftige TUSK-III-Paket soll wieder sowohl für M1A1 als auch für M1A2 SEP geeignet sein und ein abstandsaktives Schutzsystem (TRAPS – Tactical Rocket Propelled Airbag Protection System), minensichere Sitze für Kommandant und Richtschützen sowie eine separate fernbedienbare Waffenstation beinhalten. Im Februar 2018 wurde bekannt, dass bei 261 M1A2 SEP ab Ende 2018 das in Israel entwickelte abstandsaktive Hard-Kill-Schutzsystem Trophy installiert werden soll. (Bereits seit 1991 besteht die Möglichkeit zur Installation eines AN/VLQ-6 (später VLQ-8A) Softkillsystems, dass die Steuerung anfliegender PzAbwFK stört. Dieses System wird vor der Ladeschützenluke montiert, beim M1A2 befindet sich dort allerdings bereits die unabhängige Kommandantenoptik.)
Die Variante SEPv2 ist mit einer ferngesteuerten Waffenstation mit einem 12,7-mm-MG auf dem Turmdach ausgestattet. Hinzu kommen Farbdisplays für die Besatzung, ein weiter verbessertes bordeigenenes Computersystem, stärkere Panzerung, ein standfesteres Getriebe sowie standardmäßig eine Außenbordsprechstelle (Tank Infantry Phone – TIP) am Fahrzeugheck, die es begleitender Infanterie ermöglicht, mit der Panzerbesatzung zu sprechen.
Die neueste Variante ist die SEPv3, die 2015 ihre Erprobung aufnahm und seit Oktober 2017 an die Truppe ausgeliefert wird. Diese Version verfügt standardmäßig über ein Stromerzeugungsaggregat am Wannenheck und wurde mit verbesserter Kommunikationsausrüstung,

Diese Grafik der US Army zeigt die einzelnen Komponenten des TUSK-Rüstsatzes. Die fernbedienbare Waffenstation (RWS) auf dem Turmdach und die Käfigpanzerung am Heck wurden jedoch nicht installiert, während die MG-Lafette auf der BK hier fehlt. Hinzu kommen eine Zusatzpanzerung an der Wannenunterseite sowie ein von der Wanne entkoppelter Fahrersitz wie beim Leopard 2A6. (US Army)

Der M1A2SEPv2 ist gut an der RWS auf dem Turmdach zu erkennen. (US DoD)

einem modifizierten WBG, besserem Schutz gegen IEDs (improvisierte Sprengfallen) sowie einem Vehicle Health Management System (VHMS) und Line Replaceable Modules (LRMs) für leichtere Wartung und Reparatur versehen. Zudem kann die Munition der 120-mm-BK nun so programmiert werden, dass sie zu einem vorbestimmten Zeitpunkt über dem Ziel explodiert (airburst). Auf dem Turmdach kommt eine flachere RWS zum Einbau. Das Gesamtgewicht dieser Version soll Berichten in der Presse zufolge bei über 72 t liegen.
Die US-Streitkräfte planen den M1A1 noch bis mindestens 2021 und den A2 bis über das Jahr 2050 hinaus im Dienst zu behalten. Aktuell soll eine A3-Version entwickelt werden, über deren Modifikation jedoch nur spekuliert werden kann, die jedoch wohl bei gleichen oder sogar besserem Panzerschutz um einiges leichter sein und Elemente des TUSK-Programms enthalten soll.
Neben diversen Versuchsfahrzeugen entstanden auf Basis des M1 zudem Brückenleger (M104 Wolverine für die Army und Joint Assault Bridge für das USMC) und Minenräumpanzer (M1 Panther II für die Army, Assault Breacher Vehicle für das USMC). Insgesamt wurden bisher über 9000 M1 aller Versionen gebaut. Neben den US-Streitkräften (die momentan noch rund 5000 M1 betreiben) wird der Abrams auch in Ägypten (1005 M1A1, geplant sind bis zu 1500 Stück), Australien (59 M1A1 AIM), Irak (140 M1A1 AIM), Kuwait (218 M1A2) und Saudi Arabien (315 M1A2S) verwendet. Marokko erhielt zwischen Juli 2016 und Anfang 2018 222 gebrauchte, aber überholte und modernisierte M1A1 SA. SA steht dabei für Situational Awareness (Situations-

oder Lagebewusstsein) und beinhaltet u. a. die Ausrüstung mit neuer Elektronik und neuen WBG.
Den Exportversionen fehlt jedoch oftmals die Uran-Panzerung der US-Fahrzeuge. Der M1 ist zur Zeit ohne Zweifel einer der leistungsfähigsten Kampfpanzer weltweit. In den letzten drei Jahrzehnten nahm der Abrams an zahlreichen internationalen Ausschreibungen teil, bei denen er jedoch häufig vor allem aufgrund seiner hohen Betriebskosten (z. B. Treibstoffverbrauch) unterlag.

M1A2 SEPv2 mit ARAT (Abrams Reactive Armor Tiles). (US DoD, Andreas Kreuzer, Grafenwoehr)

Die neueste Version des Abrams trägt die Bezeichnung M1A-2SEPV3. Man beachte die massiven Gewichte an Turm- und Wannenfront, d.h die Serienfahrzeuge werden einen erheblichen Zuwachs an Gewicht und Panzerung aufweisen! Diese Variante dürfte über 72 t auf die Waage bringen. (GDLS)

Versuchsfahrzeuge auf Basis des M1 Abrams

Seit Anfang der 1980er Jahre entstand eine ganze Reihe von Versuchsfahrzeugen auf Basis des M1 Abrams, über die allerdings zum Teil nur wenig oder sogar widersprüchliche Informationen vorliegen. Diese Panzer dienten neben der Erprobung neuer Technologien auch der Entwicklung eines Abrams-Nachfolgers, bzw. verbesserter M1-Varianten.

1980 initiierte die US Army ein als Armored Systems Modernization (ASM) bezeichnetes Rüstungsprogramm zur grundlegenden Modernisierung seiner gepanzerten Fahrzeuge. Dabei sollte eine gemeinsame gepanzerte Plattform geschaffen werden, auf der dann sämtliche benötigten Kampffahrzeuge basieren würden. Im Rahmen dieses Vorhabens entstanden verschiedene Versuchsfahrzeuge, die der Entwicklung zukünftiger Kampfpanzer dienen sollten. Im November 1980 wurde daher ein als »Surrogate Research Vehicle« (SRV) bezeichnetes Projekt in Angriff genommen.Dabei wurde ein M1 so modifiziert, dass im Wannenbug drei Besatzungsmitglieder Platz fanden. Der Drehturm wurde entfernt und durch Sensoren sowie eine simulierte Laserwaffe ersetzt. Zwei weitere Besatzungsmitglieder fanden im Turmkorb Platz. Das SRV diente vor allem der Erprobung verschiedener Besatzungsanordnungen und wurde 1983 fertiggestellt. Die Tests endeten 1987.

1985 wurde auf Basis einer modifizierten M1-Wanne das Tank Test Bed (TTB) geschaffen. Die Wanne wurde erhöht und im Frontbereich umgestaltet. Dort saßen die drei Besatzungsmitglieder (Fahrer, Kommandant, Richtschütze) nebeneinander in einem abge-

Das »Surrogate Research Vehicle« (SRV) wurde von 1983 bis 1987 erprobt. (US Army)

Das Tank Test Bed (TTB) war mit einer 120-mm-BK in Scheitellafette ausgerüstet. (US Army)

Die Besatzung des TTB sollte in einer besonders geschützten Kapsel im Wannenbug untergebracht werden – eine Anordnung, wie sie sich heute beim russischen T-14 findet. (US Army)

trennten, besonders geschützten Kampfraum. Die Verbundpanzerung im Frontbereich wurde erheblich verstärkt und der Turm entfernt. Stattdessen kam ein unbemannter Schmalturm mit einer 120-mm-BK M256 zum Einbau, die über einen Ladeautomaten mit Munition versorgt wurde. Das Magazin befand sich unterhalb des Turms im Turmkorb und enthielt 44 Schuss. Links neben der BK war ein koaxiales 7,62-mm-MG installiert. Der Rauchabsauger der BK wurde entfernt, da dieser in einem unbemannten Turm nicht mehr benötigt wurde. Um der tief in der Wanne befindlichen Besatzung eine gute Rundumsicht zu gewähren, wurden drei drehbare elektrooptische Sensoren (zwei auf der vorderen Wanne, einer auf dem Turm) installiert. Obwohl die Erprobung durchaus erfolgreich verlief und sich besonders der Ladeautomat bewährte, wurde das ASM-Programm mit Ende des Kalten Krieges eingestellt.
Ein drittes Versuchsfahrzeug wurde als Automotive Technology Demonstrator (ATD) bezeichnet und diente der Erprobung neuer Antriebssysteme (AIPS- Advanced Integrated Propulsion System). Dabei wurde eine in ähnlicher Weise wie beim TDD und SRV modifizierte Wanne mit einer Gasturbine LV/100 AIPS von General Electric/Textron Lycoming oder einem Cummins-Dieselmotor XAP-1000 ausgerüstet. Beide Triebwerke waren wesentlich kompakter als der Standardantrieb des M1 und verbrauchten trotz ähnlicher Leistung weniger Treibstoff. Zudem erhielt der ATD ein hydropneumatisches Fahrwerk.
Seit 1985 wurde in den USA eine neue Glattrohrkanone mit der Bezeichnung XM291 entwickelt, die über austauschbare Rohre in den Kalibern 120 mm und 140 mm verfügte. 1987-88 wurde diese Waffe im sogenannten *Component Advanced Technology Test Bed* (CATTB) installiert, über das nur wenig bekannt ist. Offenbar existierten zumindest zwei unterschiedliche Fahrzeuge mit dieser Waffe, eines davon wird oft als M1 *Thumper* (nach der Aufschrift auf der Turmfront auf dem einzig bekannten Foto) bezeichnet. Dieses basierte offenbar auf einer M1-Wanne, wies aber einen neuen Turm auf, der größer und flacher als der Standardturm war.
Der zweite Panzer war erheblich stärker modifiziert und scheint das eigentliche CATTB zu sein. Die XM291-BK war in einem neuen Turm lafettiert, der über eine erheblich verstärkte modulare Panzerung im Front-, Seiten- und Dachbereich verfügte. Im weit überhängenden Turmheck waren ein Ladeautomat XM91 mitsamt Munition installiert. Der aus dem ATD bekannte Cummins XAP-1000 Diesel übernahm den Antrieb. Neben einem geringeren Raumbedarf wies dieser auch eine weitaus geringere IR-Signatur als die Gasturbine des M1 auf. Zusätzlich wurden die Dieselabgase aufgefangen und gekühlt. An den Kettenabdeckungen waren »fransenartige« Schürzen vorhanden, welche die IR- und Radarsignatur sowie die Staubentwicklung durch das Fahrwerk zusätzlich dämpfen sollten. Ein als Vehicle Integrated Defence System (VIDS) bezeichnete Anlage sollte über Radar-, Kamera und IR-Sensoren verfügen und die Zielauffassung, aber auch das Erkennen und Neutralisieren möglicher Bedrohungen erleichtern. Die auffällig vielen Nebelwurfbecher des CATTB gehören offenbar zu diesem System und sollten die Steuerung anfliegender PzAbwLFK durch Nebel-, bzw. Aerosolvorhänge verwirren (Soft-Kill-System).
Das Ende des Kalten Krieges sowie die absolute Überlegenheit des M1 gegenüber den irakischen Panzern aus sowjetischer Produktion während Desert Storm Anfang 1991 führten dazu, dass die im CATTB erprobten Technologien und die BK XM291 nicht eingeführt wurden. Das CATTB selbst scheint sich jedoch noch bis mindestens 1993/94 in der Versuchsphase befunden zu haben.
2010 tauchten im Internet Bilder eines M1 auf, der in den USA per Bahn transportiert wurde und dessen Turm dem M1 Thumper bzw. CATTB glich. Ob es sich um eines dieser alten Fahrzeuge oder einen neuen Versuchsträger handelt, ist nicht bekannt.

Die inoffizielle Bezeichnung Thumper (Klopfer, nach der Figur aus dem Disney-Film Bambi) dieses M1-Versuchsfahrzeugs leitet sich von der Aufschrift auf der Turmfront ab. (US Army)

Das Component Advanced Technology Test Bed (CATTB) erhielt neben einem neuen Turm auch fransenartige untere Seitenschützen, welche die Radar- und IR-Signatur des Laufwerks dämpfen sollten. (US Army)

XM1202 Mounted Combat System

Im Jahr 2003 initiierte das Pentagon ein als Future Combat Systems (FCS, etwa Waffensysteme der Zukunft) bezeichnetes Programm zur grundlegenden Modernisierung der US Army. Im Rahmen dieses Vorhabens sollten nicht nur zahlreiche neue Kampf- und Versorgungsfahrzeuge (bemannt und unbemannt), sondern auch Drohnen, Munition und anderes Equipment entwickelt werden, welche sämtlich miteinander vernetzt waren, um so ihre Effizienz zu steigern.

Die Entwicklung der bemannten Kampffahrzeuge (MGV – Manned Ground Vehicle) dieses Programms hatte jedoch bereits im Jahr 2000 begonnen. Diese sollten alle auf einer gemeinsamen Plattform mit Dieselelektrischem Antrieb und Gummiketten basieren. Eine neu entwickelte Verbundpanzerung sollte gegen den Beschuss mit 45-mm-Munition im Frontbereich und rund um gegen 14,5-mm-Geschosse und Splitter schützen. Der Bedrohung durch größere Kaliber und FK sollte durch ein abstandsaktives Hard-Kill-Schutzsystem begegnet werden. Des Weiteren sollte eine überragend hohe Mobilität sowie ein erstklassiges Situationsbewusstsein (situational awareness) zum Schutz beitragen.

Insgesamt waren neun unterschiedliche Typen geplant:

- Aufklärungsfahrzeug XM1201 (Reconnaissance and Surveillance Vehicle – RSV)
- Kampfpanzer mit 120 mm BK XM1202 (Mounted Combat System – MCS)
- Panzerhaubitze XM1203 (Non-Line-of-Sight Cannon – NLOS-C)
- Mörserträger XM1204 (Non-Line-of-Sight Mortar – NLOS-M)
- Bergefahrzeug XM1205 (Recovery and Maintenance Vehicle – FRMV)
- Infanteriekampffahrzeug XM1206 (Infantry Carrier Vehicle – ICV)
- zwei Ambulanzfahrzuge XM1207 (Medical Vehicle-Evacuation MV-E und XM1208 Medical Vehicle-Treatment – MV-T)
- Kommandofahrzeug XM1209 (Command and Control Vehicle – C2V)

Als Nachfolger des M1 Abrams war dabei das XM1202 Mounted Combat System (etwa: Waffensystem für das aufgesessene Gefecht) vorgesehen – der Begriff »tank« (Panzer) wurde hier vermieden. Als Bewaffnung war die neu konstruierte, besonders leichtgewichtige 120-Millimeter-Kanone XM360 vorgesehen, die in einem vollständig unbemannten Turm lafettiert und mittels Ladeautomat mit Munition versorgt werden sollte. Als Sekundärbewaffnung waren eine 40-mm-Granatmaschinenwaffe sowie ein 12,7-mm-MG in fernbedienbaren Waffenstationen (RWS) auf dem Turmdach geplant. Das Mounted Combat System sollte den Gegner mit direkten und indirektem Feuer bis zu einer Entfernung von 12 km bekämpfen und Ziele über ein Netzwerk zugewiesen bekommen. Die dabei verwendete Munition (XM1111 Mid-Range Munition – MRM) wurde ebenfalls im Rahmen des FCS-Programms entwickelt. Es gab KE- und HEAT-Versionen der MRM. Die KE-Variante verfügte über einen passiven Laser- sowie einen aktiven Radarsensor, während das HEAT-Geschoss mit einem Laser- und IR-Suchkopf ausgestattet war. Kleine Raketentriebwerke sollten das Projektil im Endanflug auf bis zu Mach 4 beschleunigen. Das Magazin des Ladeautomaten fasste 27 Schuss, weitere Geschosse wurden im Fahrzeug mitgeführt. Prototypen der 120-mm-Glattrohr-BK XM360 nahmen 2008 die Erprobung auf.

Durch raschen Stellungswechsel, hohe Mobilität und die Möglichkeit außerhalb des Wirkungsbereichs gegnerischer Waffen bleiben zu können, sollte der Bedarf für eine starke Panzerung entfallen. Dies war notwendig, da

zunächst ein Gewichtslimit von nur ca. 16,3 t vorgeschrieben war, damit auch C-130 Hercules Transportflugzeuge das XM1202 mitführen konnten. Diese Grenze wurde später auf ca. 21,4 t angehoben. Nun sollten zwei XM1202 in eine C-17 Globemaster passen. Die Besatzung des XM1202 sollte zunächst aus nur zwei Mann bestehen, die nebeneinander vorn in der Wanne untergebracht ihren Platz gefunden hätten, dies wurde jedoch später in drei Mann und die klassische Aufteilung in Fahrer, Kommandant und Schütze abgeändert.
Die von den US-Streitkräften im Irak und in Afghanistan gemachten Erfahrungen ließen Zweifel am Schutzkonzept der MGV-Familie von Kampffahrzeugen aufkommen. Waren diese vor allem darauf ausgelegt, die Entdeckung und den Kontakt mit dem Gegner zu vermeiden und sich nur im Notfall auf ihre Panzerung und ein Hard-Kill-System zu verlassen, so wurde seitens der Army nun eine bessere Widerstandsfähigkeit gegen Minen, improvisierte Sprengfallen (IED) sowie projektilbildende Ladungen gelegt. Dieser Schutz war jedoch innerhalb der vorgegebenen Gewichtsgrenzen nicht zu realisieren. Zusammen mit finanziellen Erwägungen führte dies dazu, dass das MGV-Programm vollständig und auch die meisten FCS-Entwicklungen 2009 beendet wurden.

Das XM1202 kam nie über das Konzeptstadium hinaus, einzig ein Prototyp der 120-mm-BK wurde tatsächlich erprobt. (US Army)

Super Heavy Tank T28

Die Entwicklung des T28 begann im September 1943, als die US Armee die Notwendigkeit für ein schwer gepanzertes Fahrzeug erkannte, das nach einer Invasion des europäischen Festlandes gegen deutsche Bunker und Befestigungen eingesetzt werden sollte. Ursprünglich war die Fertigung von 25 Exemplaren geplant, im März 1944 wurde jedoch festgelegt, dass zunächst nur fünf T28 gebaut werden sollten. Der Entwurf des T28 verzichtete auf einen Drehturm, stattdessen war die 105-mm-BK T5E1 an der Wannenfront in einer Kugelblende lafettiert. Daher betrug der Richtbereich nur je 10° nach links und rechts sowie -5° bis +20° in der Höhe. Die Wannenfront war bis zu 305 mm stark gepanzert, um auch im Nahbereich gegen den Beschuss aus deutschen 88-mm-Pak gefeit zu sein. Die oberen Seiten des Kampfraumes waren stark abgeschrägt und bestanden aus 63,5 mm dicken Blechen. Im unteren Seitenbereich erreichte die senkrechte Panzerung 50,8 mm. Zusammen mit den 101,6 mm starken Schürzen betrug die Panzerung dort also 152,4 mm. Um den Bodendruck trotz des hohen Gewichts von 86,2 t in Grenzen zu halten, war der T28 auf beiden Seiten mit jeweils zwei parallelen Kettenlaufwerken ausgerüstet, die über eine HVSS-Federung verfügten, wie sie auch bei späten M4 Sherman zum Einsatz kam. Die äußeren beiden Laufwerke konnten für den Transport mit der Eisenbahn oder auf befestigten Straßen abgenommen und zusammengefügt werden, um sie separat oder als Anhängelast hinter dem T28 zu transportieren. Der Antriebsstrang stammte aus dem M26 Pershing und bestand aus dem 500 PS leistenden Ford GAF Ottomotor, der mit einem automatischen Torqmatic-Getriebe gekoppelt war. Der Fahrer saß vorn links, der Richtschütze vorn rechts in

Werksaufnahme des T28 nach seiner Fertigstellung im Dezember 1945. (NARA)

Typ	Überschwerer Kampfpanzer Prototyp
Hersteller	Pacific Car and Foundry
Gefechtsgewicht (kg)	86.183
Länge (mm)	7496 (Wanne), 11.125 (mit Rohr)
Breite (mm)	4554 (mit Schürzen)
Höhe (mm)	2413 (Oberkante Kommandantenkuppel), 2855 (mit Fla-MG)
Motor	Ford GAF V8-Ottomotor
Leistung (kW/PS)	368/500
Leistungsgewicht (PS/t)	5,8
Höchstgeschwindigkeit (km/h)	13 (Straße)
Kraftstoffvorrat (l)	1514 l
Fahrbereich (km)	160
Besatzung	4
Bewaffnung	1 x 105-mm-BK T5E1 L/65, 1 x 12,7-mm-Fla-MG M2HB
Kampfsatz	62 x 105 mm, 660 x 12,7 mm
Panzerung	25,4–305-mm-Panzerstahl
Furttiefe	1,19 m

der Wanne. Der Ladeschütze fand seinen Platz hinter dem Fahrer, der Kommandant hinter dem Richtschützen. Ein koaxiales MG war nicht vorhanden, auf der Kommandantenkuppel war jedoch ein 12,7-mm-Fla-MG installiert. In seiner Konzeption ähnelte der T28 eher einem Sturmgeschütz, weshalb der Typ ab März 1945 als »105mm Gun Motor Carriage T95« (105 mm Selbstfahrlafette T95) bezeichnet wurde.

Mit dem Ende des Krieges im Pazifik im September 1945 wurde die Zahl der Prototypen auf zwei reduziert. Das erste Fahrzeug wurde am 21. Dezember 1945 und das zweite am 10. Januar 1946 auf dem Aberdeen Proving Ground der Army übergeben. Prototyp eins wurde auch dort erprobt, Nummer zwei ging zunächst nach Fort Knox und später nach Yuma.

Die Erprobung ergab, dass der stark untersetzte 500-PS-Motor große Schwierigkeiten hatte, das 86 t schwere Fahrzeug im Gelände zu bewegen und selbst auf der Straße betrug die Höchstgeschwindigkeit nur 13 km/h. Insgesamt waren Antriebsstrang und Fahrwerk

Der Prototyp Nummer eins auf dem Aberdeen Proving Ground, 23. Januar 1946. Als dieses Bild entstand, wurde der T28 als Selbstfahrlafette T95 bezeichnet. (US Army)

überlastet, sodass es immer wieder zu Fehlfunktionen kam. Im Juni 1946 wurde der Typ erneut umbenannt, nun lautete die Bezeichnung »Super Heavy Tank T28« (Überschwerer Kampfpanzer T28). Das Programm wurde schließlich im Oktober 1947 beendet, zuvor war jedoch noch der in Yuma befindliche Prototyp bei einem Brand zerstört worden.

Der T28 war mit einer 105-mm-BK in einer massiven Kugelblende bewaffnet. Aberdeen Proving Ground, Maryland, 3. Oktober 1946. (US Army)

Der T28 gehört zu den schwersten und größten je gebauten Kampffahrzeugen. (NARA)

Heavy Tank T30

Der T30 entsprach weitgehend dem schweren Panzer T29 (siehe Typenkompass Kampfpanzer der USA 1917 – 1945), war jedoch anstelle des Ford-Motors mit einem Continental V12 AV-1790-3 Ottomotor ausgerüstet, dessen Installation einige Änderungen am Motorraum erforderte. Der Turm ähnelte ebenfalls dem des T29, war jedoch nicht mit einer 105-mm-Zugrohr-BK, sondern mit einer 155-mm-Kanone bewaffnet. Diese verschoss zweiteilige Munition, deren HE-Projektil 43 kg und die Treibladung 18 kg wogen. Der Bau des ersten Prototypen begann im April 1945, das Kriegsende führte jedoch dazu, dass dieser nicht vor Ende 1947 fertiggestellt und erst ab April 1948 auf dem APG erprobt wurde. Ein zweites, als T30E1 bezeichnetes Fahrzeug nahm die Erprobung im Juli jenes Jahres auf. Der T30E1 war aufgrund der großen und schweren Munition nicht nur mit einem mechanischen Ansetzer, sondern auch einer Vorrichtung zum Anheben der Granaten und dem automatischen Auswurf verbrauchter Hülsen durch das Turmheck ausgerüstet. Ende 1948 wurde das Testprogramm eingestellt und die Prototypen eingelagert.

Typ	Schwerer Kampfpanzer Prototyp
Hersteller	Detroit Arsenal
Gefechtsgewicht (kg)	64.682
Länge (mm)	7610 (Wanne), 10.897 (mit Rohr)
Breite (mm)	3802 (mit Schürzen)
Höhe (mm)	3223 (Oberkante Kommandantenkuppel)
Motor	Continental AV-1790-3, V12-Ottomotor
Leistung (kW/PS)	596/810
Leistungsgewicht (PS/t)	12,52
Höchstgeschwindigkeit (km/h)	35 (Straße)
Kraftstoffvorrat (l)	1211
Fahrbereich (km)	160
Besatzung	6
Bewaffnung	1 x 155-mm-BK T7 L/40, 1 x 12,7-mm-MG2HB koaxial, 1 x 7,62-mm-MG M1919A4 im Bug, 1 x 12,7-mm-Fla-MG M2HB
Kampfsatz	34 x 155 mm, 2200 x 12,7 mm, 2500 x 7,62 mm
Panzerung	12,7–178-mm-Panzerstahl (Kanonenblende max. 279,4 mm)
Furttiefe	1,07 m

Prototyp Nummer eins des T30 auf dem APG, 11. Mai 1948. (NARA)

Heavy Tank T32

Der erfolgreiche Einsatz des schwer gepanzerten M4A3E2 Jumbo (siehe Typenkompass Kampfpanzer der USA 1917 – 1945) ab Herbst 1944 in Europa führte dazu, dass die US-Armee eine ähnliche Variante des neuen T26E3 (der spätere M26 Pershing) forderte. Dabei wurden zwei Ansätze verfolgt: Zum einen wurde rasch ein stärker gepanzerter T26E3, der T26E5, entwickelt (siehe Typenkompass Kampfpanzer der USA 1917 – 1945). Der zweite Ansatz sah die Konstruktion eines neuen Fahrzeugs vor, welches im März 1945 in Auftrag gegeben wurde. Als Antrieb war der auch im schweren T29 verwendete Ford GAC V12-Ottomotor sowie ein Cross-Drive-Getriebe vorgesehen, ansonsten sollten so viele Komponenten des M26 Pershing wie möglich Verwendung finden. So verfügte der als T32 bezeichnete Panzer über das Drehstab-Laufwerk und die Ketten des M26, besaß allerdings ein zusätzliches Laufrad pro Seite. Auch die verlängerte Wanne und der Turm entsprachen weitgehend jenen des M26, waren aber stärker gepanzert. Die Turmfront war bis zu 298 mm dick. Da der T32 mit der langen 90-mm-BK T15E2 ausgerüstet wurde, musste zudem das Innere des Panzers um-

Typ	Schwerer Kampfpanzer Prototyp
Hersteller	Detroit Arsenal
Gefechtsgewicht (kg)	54.431
Länge (mm)	7071 (Wanne), 10.836 (mit Rohr)
Breite (mm)	3767 (mit Schürzen)
Höhe (mm)	2812 (Oberkante Kommandantenkuppel)
Motor	Ford GAC V12-Ottomotor
Leistung (kW/PS)	552/750
Leistungsgewicht (PS/t)	13,78t
Höchstgeschwindigkeit (km/h)	35(Straße)
Kraftstoffvorrat (l)	965
Fahrbereich (km)	160
Besatzung	5
Bewaffnung	1 x 90-mm-BK T15E2 L/73, 1 x 1 x 7,62-mm-MG M1919A4 koaxial, 1 x 7,62-mm-MG M1919A4 im Bug, 1 x 12,7-mm-Fla-MG M2HB
Kampfsatz	54 x 90 mm, 4000 x 12,7 mm, 550 x 7,62 mm
Panzerung	12,7–298 mm Panzerstahl
Furttiefe	1,22 m

Prototyp Nummer eins des T32 nach seiner Fertigstellung im Januar 1946. (NARA)

Prototyp Nummer eins des T32 während seiner Erprobung auf dem APG am 20. März 1946. (NARA)

gestaltet werden, um die längeren Patronen der Munition unterbringen zu können. Zudem wurde zum Ausgleich des langen Geschützrohres (L/73) eine zusätzliche Panzerplatte am Turmheck angebracht. Die ersten beiden Prototypen wurden am 15. Januar bzw. 19. April 1946 fertiggestellt und als T32 bezeichnet. Diese wiesen eine gegossene, 127 mm starke Wannenfront und ein Bug-MG in Kugelblende auf. Der dritte und vierte Prototyp wurden am 14. Mai, bzw. am 19. Juni 1946 komplettiert und als T32E1 bezeichnet, da ihre 127 mm dicke Wannenfront geschweißt war und kein Bug-MG mehr aufwies. Der T32 war der erste Panzer, der mit dem neuen Cross-Drive-Getriebe (zugleich Getriebe, Lenk- und Bremsanlage) ausgerüstet war. Zahlreiche Probleme waren daher unausweichlich, dieses Getriebe wurde jedoch schließlich in weiterentwickelter Form als CD-850 zum Standard bei den Panzern der Patton-Serie. Prototyp 1 und 2 wurden zum APG verbracht, während Nummer 3 nach Fort Knox ging und Nummer vier im Detroit Arsenal verblieb. Da nach Ende des Weltkrieges jedoch kein Bedarf mehr an einem schweren Panzer dieser Art bestand, kam es zu keiner Serienfertigung des T32.

Heavy Tank T34

Typ	Schwerer Kampfpanzer Prototyp
Hersteller	Detroit Arsenal
Gefechtsgewicht (kg)	65.136
Länge (mm)	7610 (Wanne), 11.773 (mit Rohr)
Breite (mm)	3802 (mit Schürzen)
Höhe (mm)	3223 (Oberkante Kommandantenkuppel)
Motor	Continental AV-1790-3, V12-Ottomotor
Leistung (kW/PS)	596/810
Leistungsgewicht (PS/t)	12,44
Höchstgeschwindigkeit (km/h)	35 (Straße)
Kraftstoffvorrat (l)	1211
Fahrbereich (km)	160
Besatzung	6
Bewaffnung	1 x 120-mm-BK T53 L/60, 2 x 12,7-mm-MG2HB koaxial, 1 x 7,62-mm-MG M1919A4 im Bug, 1 x 12,7-mm-Fla-MG M2HB
Kampfsatz	34 x 120 mm, 2090 x 12,7 mm, 2500 x 7,62 mm
Panzerung	12,7–178 mm Panzerstahl (Turmheck 203 mm, Kanonenblende max. 279,4 mm)
Furttiefe	1,07 m

Anfang 1945 untersuchte die US Army die Möglichkeit, die 120-mm-Flak M1 als Panzerbewaffnung einzusetzen und entschied im Mai 1945, dass zwei der ursprünglich georderten vier T30-Prototypen mit einer entsprechend modifizierten und T53 genannten Version dieses Geschützes ausgerüstet werden sollten. Obwohl Ende 1945 festgelegt worden war, dass der Allison V-1710 Flugzeugmotor die beiden T34 antreiben sollte, wurde im November 1946 entschieden, dass der Continental AV-1790 des T30 zum Einbau kam. Die beiden T34-Prototypen wurden 1947 ausgeliefert und entsprachen weitgehend dem Basismodell T30. Allerdings musste zum Ausgleich des langen 120-mm-Rohres am Turmheck eine zusätzliche 101,6 mm starke Panzerplatte angeschweißt werden, die ein eindeutiges Erkennungsmerkmal gegenüber dem T30 darstellt. Obwohl die etwas leichtere und nicht ganz so große Munition den Ladevorgang gegenüber der 155-mm-BK des T30 vereinfachte, gab es Probleme mit Rückschlägen unverbrannter Pulvergase und giftigen Dämpfen im Turm. Die T53-Kanone wurde daher nahe der Mündung mit einem Rauchabsauger ausgerüstet – einer Vorrichtung, die später zum Standard moderner Kampfpanzer werden sollte. Wie der T29 und T30 wurde auch der T34 von der US-Army als zu schwer und unbeweglich empfunden, weshalb das Programm Ende 1948 abgebrochen wurde.

Der T34-Prototyp während der Erprobung auf dem APG im Jahre 1948. (US Army)

120 mm Gun Tank M103

Obwohl die Erprobung der Typen T29, T30 und T34 den US-Streitkräften deutlich gezeigt hatte, welche Nachteile Panzer der 65-t-Klasse hatten, wurde doch die Notwendigkeit eines Fahrzeugs gesehen, das dem sowjetischen JS-3 (siehe Typenkompass Kampfpanzer der UdSSR seit 1945) mit seiner 122-mm-Zugrohr-BK und der bis zu 250 mm starken, ballistisch sehr günstig geformten Panzerung Paroli bieten konnte.

Im Detroit Arsenal wurde daher Ende 1948 eine leichtere Variante des T34 entwickelt, der zwar eine 120-mm-BK aufwies, aber nur noch über vier Mann Besatzung verfügte, da das Bug-MG und der zweite Ladeschütze wegfielen. Zudem sollte die Wanne und das Drehstablaufwerk verkürzt werden, sodass der als T43 bezeichnete Entwurf nur noch über sieben anstelle von acht Laufrollen pro Seite verfügt hätte. Durch den Einbau einer leichteren 120-mm-BK (T122 bzw. T123) sowie der Verwendung einer dünneren, aber günstiger geformten Panzerung sollte weiteres Gewicht gespart werden. Da nur noch ein Ladeschütze vorgesehen war, planten die Konstrukteure den Einbau eines Systems, das diesen bei der Handhabung der Munition (ähnlich wie im T30E1) unterstützte. In zwei beweglichen Behältern an den Turmseiten wären wie beim T37 je ein 7,62-mm-MG installiert worden. Ein modernes FL-System mit EM und Vorhalterechner sollte ebenfalls an Bord sein. Das geplante Gefechtsgewicht des T43 lag bei rund 53 t – 12 t weniger als beim T34.

Weitere Arbeiten führten im Laufe des Jahres 1949 jedoch zu einer erheblichen Veränderung des Entwurfs. Eine gegossene Wanne mit elliptischem Querschnitt, also konvexen

Ein T43E1 auf dem Testgelände des Chrysler-Panzerwerkes in Newark, Delaware, USA, am 4. Juni 1954. Im Hintergrund ein M48, der ebenfalls in diesem Werk hergestellt wurde. (US DoD)

Seiten, versprach den selben Schutz wie die bisherige Wanne mit geraden Seiten bei geringerer Panzerstärke und damit auch geringerem Gewicht. Gleiches galt für die nun abgerundete Wannenfront und einen neu geformten, ebenfalls gegossenen Turm. Diese Gewichtseinsparung machte es zudem möglich, den Turmdrehkranzdurchmesser von 2032 mm auf 2159 mm zu erhöhen und einen zweiten Ladeschützen vorzusehen, sodass auf das komplexe Ladesystem verzichtet werden konnte. Der Vorhalterechner sowie die MG-Behälter am Turm entfielen ebenfalls, der optische EM war jedoch beibehalten. Diese Modifikationen wurden im April 1950 offiziell genehmigt. Zu jener Zeit wurde der Typ noch Heavy Tank T43 genannt, nach der Änderung des Bezeichnungssystems der US-Streitkräfte änderte sich dies im November 1950 jedoch zu 120 mm Gun Tank T43.

Die Arbeiten am T43 erhielten nach Ausbruch des Koreakrieges im Juni 1950 neue Dringlichkeit, weshalb Chrysler im Dezember 1950 den Auftrag zum Bau von zunächst 80, kurz darauf dann von 300 Serienfahrzeugen erhielt. Beim Detroit Arsenal waren zuvor bereits sechs Prototypen geordert worden.

Der erste T43-Prototyp wurde im Juni 1951 ausgeliefert und Chrysler übernahm ab dem vierten Prototyp die Fertigung. Die Fahrzeuge vier, fünf und sechs wurden entsprechend

M103A1/A2

Typ	Schwerer Kampfpanzer
Hersteller	Detroit Tank Arsenal, später Chrysler
Gefechtsgewicht (kg)	56.700/58.100
Länge (mm)	6992 (Wanne), 11.394 (mit Rohr)
Breite (mm)	3631
Höhe (mm)	3219 (Oberkante Kommandantenkuppel) 3559 (mit Fla-MG)
Motor	Continental AV-1790-5B, 7, 7B oder 7C V12-Ottomotor bzw. AVDS-1790-2A, V12-Dieselmotor
Leistung (kW/PS)	596/810 bzw. 552/750
Leistungsgewicht (PS/t)	14,29 bzw. 12,91
Höchstgeschwindigkeit (km/h)	34 bzw. 37 (Straße)
Kraftstoffvorrat (l)	716/1670
Fahrbereich (km)	130/480 (Straße)
Besatzung	5
Bewaffnung	1 x 120-mm-BK M58 L/60, 1 x 7,62-mm-MG M1919A4 koaxial, 1 x 12,7-mm-M2HB-Fla-MG
Kampfsatz	38 x 120 mm, 1000 x 12,7 mm, 5250 x 7,62 mm
Panzerung	Panzerstahl, 25,4–137 mm (Kanonenblende bis zu 254 mm)
Furttiefe	1,22 m

Ein M103A1 des USMC, aufgenommen in Quantico, Virgina, 1959. (USMC)

der Ergebnisse aus der Erprobung der ersten Prototypen modifiziert und erhielten u. a. eine 120-mm-BE mit höherer Mündungsgeschwindigkeit (T123E1) und einem anderen Rücklaufsystem sowie zahlreiche Detailmodifikationen. Ihre Bezeichnung änderte sich daher in T43E1. 1953 – 1954 baute Chrysler in Newark insgesamt 300 Panzer. Während der Truppenerprobung zeigte sich aber, dass die Konstruktion unter Zeitdruck erfolgte und der Typ nicht tauglich für den Einsatz war, insbesondere der Turmschwenkantrieb sowie die Richt- und FL-Anlage der BK machten Probleme. Hinzu kam, dass die 120-mm-Munition keine ausreichende Treffsicherheit besaß. Im August 1955 wurden die 300 T43E1 daher eingelagert und eine Lösung für die zahlreichen Probleme gesucht.
Erst nachdem insgesamt 98 Veränderungen am Entwurf vorgenommen und strengere Qualitätskontrollen bei der Munitionsfertigung eingeführt worden waren, konnte der Typ im April 1956 offiziell als M103 von der Truppe übernommen werden.
Von den 300 T43E1 wurden 80 an die US Armee ausgeliefert, die 74 auf den M103-Standard bringen ließ, der Rest wurde für diverse Tests eingesetzt. 220 T43E1 wurden zu M103 modifiziert und gingen an das USMC. 1957 – 1959 wurden 219 M103 der Marines durch

M103

Typ	Schwerer Kampfpanzer
Hersteller	Detroit Tank Arsenal, später Chrysler
Gefechtsgewicht (kg)	56.700
Länge (mm)	6992 (Wanne), 11394 (mit Rohr)
Breite (mm)	3631
Höhe (mm)	3219 (Oberkante Kommandantenkuppel) 3559 (mit Fla-MG)
Motor	Continental AV-1790-5C, V12-Ottomotor
Leistung (kW/PS)	596/810
Leistungsgewicht (PS/t)	14,29
Höchstgeschwindigkeit (km/h)	34
Kraftstoffvorrat (l)	716
Fahrbereich (km)	130 (Straße)
Besatzung	5
Bewaffnung	1 x 120-mm-BK M58 L/60, 2 x 7,62-mm-MG M1919A4 koaxial, 1 x 12,7-mm-M2HB-Fla-MG
Kampfsatz	33 x 120 mm, 900 x 12,7 mm, 8150 x 7,62 mm
Panzerung	Panzerstahl, 25,4–137 mm (Kanonenblende bis zu 254 mm)
Furttiefe	1,22 m

Der hier zu sehende zweite von drei Prototypen des M103A1E1 wurde im April 1961 fertiggestellt und besaß neben einem AVDS-1790-2A Dieselmotor auch einen verbesserten EM und eine überarbeitete FL-Anlage. Man beachte das neue Wannenheck mit den Auslassgrätings (»radiator grilles«) für Kühlluft und Abgase. (US DoD)

den Einbau neuer optischer-EM, analoger FL-Rechner, eines elektrischen Turmschwenkwerks, eines Turmkorbs, der Entfernung eines der koaxialen 7,62-mm-MG und weiterer Detailänderungen zur Variante M103A1 umgebaut. Obwohl die Army keine Pläne zur Umrüstung ihrer M103 hatte, »lieh« ihr das USMC 72 M103A1. Da M103 und M103A1 aufgrund des »durstigen« Ottomotors nur eine mangelhafte Reichweite aufwiesen, wurden 1964 153 Panzer des USMC mit dem AVDS-1790-Diesel des M60 sowie neuen EM versehen und als M103A2 bezeichnet.

Der M103 wurde nie im Kampf eingesetzt und auch nicht exportiert. Die US Army stellte ihre letzten M103 im Jahre 1963 außer Dienst, während er bei den Marines noch bis 1974 verwendet wurde.

M103A2 des Panzermuseums Bovington, Großbritannien, während der Veranstaltung Tank Fest, 27. und 28. Juni 2015. (Paul Appleyard)

120 mm Gun Tank T57

Am 12. Oktober 1951 gab die US Army zwei Prototypen in Auftrag, die mit einer automatisch geladenen 120-mm-BK bewaffnet sein sollten. Um die Konstruktion eines Ladeautomaten möglichst simpel zu gestalten, war die BK starr, also ohne Rücklauf,in einem Wiegenturm installiert. Die Waffe entsprach weitgehend der T123E1 des M43E1, war jedoch für einteilige Munition und eine rücklauflose Lafettierung modifiziert worden und wurde daher als T179 bezeichnet. Das Magazin des Ladeautomaten war unterhalb der BK verbaut und enthielt nur acht Schuss, musste also von Ladeschützen manuell nachgeladen werden, weshalb sich im Turm drei Mann befanden. Die Arbeiten am T57 gingen nur langsam voran, da es immer wieder technische Probleme gab und von Rheem bei der Regierung bzw. den Streitkräften angeforderte Komponenten nur schleppend zur Verfügung gestellt wurden. Zwar wurde ein T57-Turm auf einer T43E1-Wanne installiert, das Pentagon beendete das Programm jedoch am 17. Januar 1957, bevor diese Kombination erprobt werden konnte. Beide T57-Türme wurden verschrottet, die Wannen der Army zurückgegeben.

Typ	Schwerer Kampfpanzer Prototyp
Hersteller	Rheem (Türme)
Gefechtsgewicht (kg)	54.430
Länge (mm)	6992 (Wanne), 11.412 (mit Rohr)
Breite (mm)	3631
Höhe (mm)	2654 (Oberkante Turm)
Motor	Continental AV-1790-5C, V12-Ottomotor
Leistung (kW/PS)	596/810
Leistungsgewicht (PS/t)	14,88
Höchstgeschwindigkeit (km/h)	34
Kraftstoffvorrat (l)	716
Fahrbereich (km)	130 (Straße)
Besatzung	5
Bewaffnung	1 x 120-mm-BK T179 L/60, 1 x 7,62-mm-MG M1919A4 koaxial, 1 x 12,7-mm-M2HB-Fla-MG
Kampfsatz	18 x 120 mm, 3425 x 12,7 mm, 3000 x 7,62 mm
Panzerung	Panzerstahl, 25,4–137 mm
Furttiefe	1,22 m

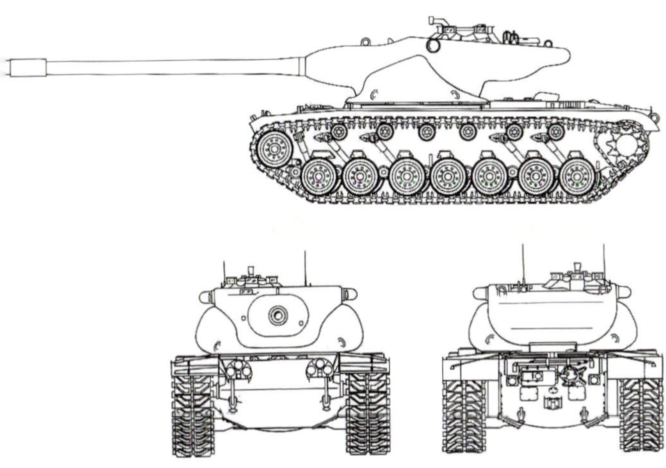

Drei-Seiten-Ansicht des T57. Der T57 kombinierte einen Wiegenturm mit 120-mm-BK mit der Wanne des T43E1. (US Army)

155 mm Gun Tank T58

Im April 1952 erhielt die United Shoe Machinery Corporation den Auftrag zum Bau von zwei Prototypen, die über 155-mm-Zugrohr-BK mit einem Ladeautomaten verfügen sollten. Wie beim T57 wurde ein Wiegenturm ausgewählt, um den Einbau des Ladesystems so einfach wie möglich zu gestalten. Die BK entsprach weitgehend der 155-mm-Waffe des T30, war jedoch mit einem Rauchabsauger, einer neuen Mündungsbremse sowie einem anderen Verschluss ausgestattet, weshalb sich ihre Bezeichnung in T180 änderte. Die T180 erhielt ihre Munition aus einem Magazin mit sechs Schuss, das aufgrund der schweren Granaten und Treibladungen vom Ladeschützen mit Hilfe eines mechanischen Systems nachgeladen wurde. Wie beim T57 erlaubte eine große Klappe im Turmdach einen einfachen Zugang zur BK. Aus den gleichen Gründen wie beim T57 verlief die Entwicklung nur schleppend. Als die Entwicklung des T58 am 17. Januar 1957 abgebrochen wurde, waren zwar beide Wiegentürme fertiggestellt, jedoch noch nicht auf die vorgesehenen T43E1-Wannen gesetzt worden. Die Türme wurden daraufhin verschrottet, die Wannen an die Army zurückgegeben.

Typ	Schwerer Kampfpanzer Prototyp
Hersteller	United Shoe Machinery Corporation (Türme)
Gefechtsgewicht (kg)	59.874
Länge (mm)	6992 (Wanne), 10.815 (mit Rohr)
Breite (mm)	3631
Höhe (mm)	3175 (Oberkante Turm)
Motor	Continental AV-1790-5C, V12-Ottomotor
Leistung (kW/PS)	596/810
Leistungsgewicht (PS/t)	13,53
Höchstgeschwindigkeit (km/h)	34
Kraftstoffvorrat (l)	716
Fahrbereich (km)	130 (Straße)
Besatzung	5
Bewaffnung	1 x 155-mm-BK T180 L/40, 1 x 7,62-mm-MG M1919A4 koaxial, 1 x 12,7-mm-M2HB-Fla-MG
Kampfsatz	32 x 155 mm, 1200 x 12,7 mm, 6500 x 7,62 mm
Panzerung	Panzerstahl, 25,4–127 mm
Furttiefe	1,22 m

Der T58 war mit einer massiven 155-mm-BK bewaffnet und basierte auf der Wanne des M103. (NARA)

M60A1 der in West-Berlin stationierten US-Truppen paradieren während der jährlichen Parade anlässlich des Tages der Alliierten Streitkäfte die Straße des 17. Juni hinunter. Berlin, 17. Juni 1989. (US DoD)

Obwohl der Auftrag der US-Streitkräfte über 237 M8 AGS im Februar 1996 storniert wurde, beteiligt sich der heutige Hersteller BAE Systems mit diesem Typ (in modernisierter Form) am seit 2016/17 laufenden Wettbewerb der Army für einen neuen leichten Panzer. (BAE Systems)

WEITERE INTERESSANTE BÜCHER ZUM THEMA

128 Seiten, 149 Bilder,
Format 140 x 205 mm
ISBN 978-3-613-03971-1
€ 12,– /€ (A) 12,40

128 Seiten, 150 Bilder,
Format 140 x 205 mm
ISBN 978-3-613-03566-9
€ 12,– /€ (A) 12,40

128 Seiten, 126 Bilder,
Format 140 x 205 mm
ISBN 978-3-613-03833-2
€ 12,– /€ (A) 12,40

128 Seiten, 128 Bilder,
Format 140 x 205 mm
ISBN 978-3-613-03866-0
€ 12,– /€ (A) 12,40

Stand April 2018
Änderungen in Preis
und Lieferfähigkeit vorbehalten.

Überall, wo es Bücher gibt, oder unter
WWW.MOTORBUCH-VERSAND.DE
Service-Hotline: 0711/78 99 21 51

Motor buch Verlag